튼튼하고 아름다운
건축시공 이야기 IV
| 리모델링편 |

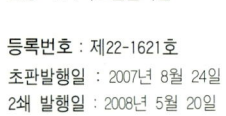

지은이 : 김광만, 이인혁
발행 : (주)바로건설기술

등록번호 : 제22-1621호
초판발행일 : 2007년 8월 24일
2쇄 발행일 : 2008년 5월 20일
3쇄 발행일 : 2010년 5월 20일
4쇄 발행일 : 2013년 11월
5쇄 발행일 : 2018년 6월 11일

편집디자인 : Dreams(010-7589-9528)
자료 및 도면작성 : 최순일
사진 : 소철
교정 : 정선아

도서구입 : (주)바로건설기술
　　　　　강동구 풍성로 38길 9 바로빌딩 6층
　　　　　TEL. 02-413-6503 FAX. 02-413-6530
　　　　　http://www.baro-ck.com

서점 공급처 : 도서출판 발언
　　　　　　서울시 동대문구 용두동 138-41 두산베어스타워 203-1
　　　　　　TEL. 02-929-3546   FAX. 02-929-3548

분해 · 출력 : 삼진출력(02-2275-6843)
인쇄 : (주)타라티피에스(031-945-1080)

값 12,000원
ISBN 978-89-9508-514-1

· 무단 전제나 복제는 법으로 금지되어 있습니다.
· 잘못된 책은 바꾸어 드립니다.

튼튼하고 아름다운
건축 시공 이야기 IV
|리모델링편|

추 천 사

    IMF에 뒤덮여 전국이 암울하였던 시기에 회사에 후배 직원이었던 김광만과 그 팀이 '튼튼하고 아름다운 건축시공 이야기' I권를 출간하여 많은 사람들에게 신선한 기운을 보여주었던 기억을 생생히 하고 있다. 그 기운이 또 회사가 되어 끊임없이 신선함을 더 하고 있음을 항상 지켜보고 있다. 그 기운이 회사가 될 당시는 IMF의 회오리바람 속에서 많은 동료들이 안주하였던 큰 배를 떠나 일엽편주에 몸을 실어야 했던 시기였고, 큰 힘도 써보기 전에 편주의 항해를 접어야 했었다. 그 시기에 김광만과 그 팀은 힘들었겠지만 멋진 항해를 거듭하여 이제 제법 큰 배가 되었고 많은 작은 배들의 앞에서 희망이 되고 있는 것에 또한 그 감회가 실로 새롭지 않을 수 없다. 멋진 항해의 밑 바탕에는 '튼튼하고 아름다운 건축시공 이야기' 시리즈가 큰 몫을 했다고 생각한다. 이번에 Ⅳ권을 출간한다니 또 반갑기 그지없다.

    그간 발간된 I, Ⅱ, Ⅲ권은 모두 건축기술계의 베스트셀러가 되어 벌써 10쇄 넘게 발행된 것을 나는 잘 알고 있다. 대학교에서 교재로 사용하기도 하고, 각 건설회사에서 직무능력향상을 위한 OJT교재가 되기도 하고, 또 동료간 선후배간의 선물목록 1호가 되기도 하였다. 서점에 들러보면 국내 굴지의 대형 건설회사에서 발간한 기술서적이 적지 않으나 유독 '튼튼하고 아름다운 건축시공 이야기'가 장기 베스트셀러가 된 이유는 그 내용의 진실성과 현실성에 있다고 생각한다. 현실성이 부족한 연구소에서의 이야기, 책을 발간하기 위한 억지 이야기가 아니고 실무에서 부딪치는 문제의 해결에서 출발하는 진솔하고 현실성 있는 내용들이기 때문이다. I권을 발간하면서 한 저자의 이야기가 지금도 생생하다.

    문제해결을 위해 격렬하게 부딪쳤던 것들,
    아주 오랫동안의 건설현장 문제들,

적절하게 맞아 떨어졌던 아이디어들,
지금 답을 얻지 못하면 앞으로도 오랫동안 똑 같은 오류를 범할 것들,
이런 것들을 나름대로 해결했던 정보가 내 손 안에 있는데,
흩어지기 전에 누군가에게 전해주고 싶은데...

이번에 발간되는 Ⅳ권에는 요즈음의 건설업계 현실에 아주 적절한 「리모델링」에 관한 이야기이다. 저자가 사옥을 리모델링 하면서 경험하고 해결하였던 사소하지만 소중한 사례에서 출발한 현실적인 문제와 이에 대한 대답을 잘 정리하였다고 본다. 그 대상이 건축주이든 설계자이든 시공자이든 이 책의 내용은 좋은 정보가 될 것이라고 생각하고 특히, 크지 않은 규모의 건물의 리모델링을 시도하고자 하는 건설업계에 몸담고 있는 분들에게 일독을 권한다.

김광만과 그 팀들이 앞으로 더욱 업무의 시야를 넓히고 그 기술의 깊이를 더하여 독보적인 기술력을 갖춘 굴지의 회사로 성장하여 우리 건설업계의 발전에 더욱 기여하기를 기대하면서, 욕심을 부린다면 내가 몸담고 있는 듀폰사 와도 서로 협력할 수 있는 방안을 모색하였으면 한다.

현재 세계적인 기업인 듀폰사도 200년 전 창업 당시에는 한 농가의 허름한 창고에서 시작하였다 한다.

2007년 7월
건축시공, 건설안전, 품질시험 기술사
듀폰 코리아 상임고문 신 관 섭
(sks46@lycos.co.kr)

머 리 말

　분양가 상한제 등의 내용으로 새 주택법이 국회에서 통과되었다는 방송과 함께 건설경기가 위축이 될 것이라는 논평도 같이 나오고 있다. 공동주택 재건축이 심한 규제로 진행이 힘들 것 같고, 신규 공사도 분양가 상한제나 공사비 공개 등으로 쉽지 않게 되었다. 그래도 이렇게 위축되어가는 건설경기에서 리모델링 부분은 좋은 돌파구가 되는 것 같아 희망을 본다. 공동주택 리모델링도 여러가지 혜택과 규제 완화로 권장받고 있어 좋은 방향이 되는 것 같고, 일반 건축도 기존의 건축물을 헐고 다시 지을 때 생기는 면적상의 축소 문제, 주변과의 정비 문제, 허가 문제 등으로 신축하는 것보다 기존의 건물을 리모델링하는 것이 희망이 되고 있는 것 같다.

　건축물에도 수명이 있기 때문에 영구히 쓸 수는 없다. 구조체는 100년 정도는 쓸 수 있을 것이나, 설비나 디자인은 급속히 발전하는 기술과 감각을 따라가지 못해 요사이는 10년~20년 정도가 지나면 그 가치가 급속히 떨어지고 만다. 그래서 구조체는 그대로 놔두고 설비와 디자인을 다시 하는 공사 즉, 리모델링으로 흘러가는 것 같다. 대부분의 나라에서 어느 정도 급속한 성장을 겪고 난 이후 안정기가 되면 자연스럽게 생기는 건설형태라고 할 수 있을 것이다. 우리 건물도 허술한 건물을 사서 리모델링하여 새집처럼 쓰게 되었다. 새 건물을 사거나 신축하는 것보다 규제도 덜 받고 조금은 가벼운 공사가 되며 경제적이기 때문이었다.

　그렇게 크지 않은 규모의 건물을 리모델링한 내용을 책으로 정리하여 공개하자니 쑥스럽기도 하다. 처음에는 회사 자체적으로 정리하여 자료로만 활용하고자 했으나 정리되는 자료가 우리만 갖고 있기에는 아까운 내용들이 많았다. 리모델링 공사를 수행하면서 기존의 참고되는 자료가 있었으면 좋았을 텐데라는 아쉬운 기억때문에 더욱 잘 정리하여 공유해야 한다는 생각을 하게 되었다. 어쩌면 이런 작은 내용을 정리해서 다른 기술자들에게 도움이 될 수 있도록 하는 것이 '튼튼하고 아름다운 건축시공이야기' 시리즈의 근본취지일 수도 있다는 생각에 이렇게 용기를 내어 책으로 정리를 하게 되었다. 작은 건물은 작은 건물대로, 규모가 큰 건물은 큰 건물대로 진행되는 내용이 서로 많이 다르다. 아니 작은 건물의 경우 참고할 수 있는 자료가 없어 더 어렵기까지 하다. 그래서 사소하더라도 궁금할 수 있는 모든 것을 낱낱이 공개하고자 애를 많이 썼다. 또 우리회사의 기술과 건축에 대한 마음가짐을 실제의 건축물에 접합하는 과정에 대한 표현이라고도 생각했다. 완벽했다라고 할 수는 없겠지만 끊임없이 개선하고자 애쓴 만큼 좋은 건축물이 내 앞에 실물로 버티고 서 있게 된다 라는 느낌도 독자들에게 전달되었으면 좋겠다.

작은 내 집 또는 내 건물을 갖고 싶은 꿈을 갖고 있는 사람들에게 여기에 기록되고 있는 내용들이 경제적인 부분에서나 기술적인 부분에서 그 꿈이 실현될 수 있다는 희망의 빛이 되기를 기대하며, 그리 어렵지 않겠구나 라는 용기도 함께 갖게 되기를 바란다.

좋은 건물이 있기까지 여러 분야의 분들이 많은 도움을 주었다. 외관 디자인을 맡아준 한메건축의 이충기님, 자칭 미쟁이 누리앤미건설의 김용학님, 철쟁이 일원이앤씨의 김민수님, 차림설계기술의 김경희님, 한일전력의 박주영님의 과분한 도움에 감사를 드리고, 공사에 투입되어 많은 고생을 한 정근우님, 마지막으로 수도 없이 편집을 수정해준 서완심님에게 깊은 마음으로 감사를 드린다.

2007년 7월

김 광 만

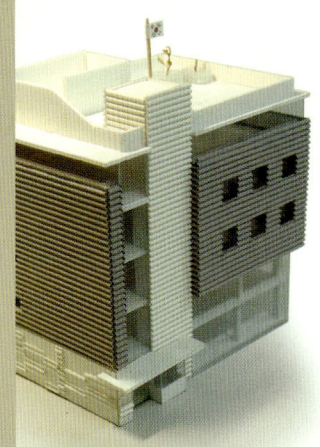

| 추천사 | 4 |

| 머리말 | 6 |

리모델링 계획

사옥을 갖고 싶다는 생각	12
외관설계가 건물의 가치를 결정한다	24
최소한의 구조변경	36
쾌적한 환경을 위하여	46

CONTENTS

건설기술과 리모델링

건설기술	56
철거공사와 비계공사	59
구조변경공사	71
외장공사	80
커튼월 및 유리공사	94
내장공사	109
전기설비공사	125
외부공사	138

마무리

145

리모델링 계획

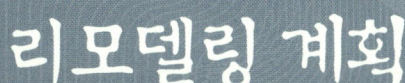

사옥을 갖고 싶다는 생각   12
외관설계가 건물의 가치를 결정한다   24
최소한의 구조변경   36
쾌적한 환경을 위하여   46

사옥을 갖고 싶다는 생각

중소기업의 큰 소망

우리나라의 중소기업들이 품는 큰 소망중의 하나는 사옥을 소유하고 싶다는 것이다. 이는 임대료에 대한 부담, 건물주의 통제와 간섭, 대외 이미지 등의 요인들 때문일 것이다. 우리회사도 예외는 아니었다. 당시 우리회사의 위치는 잠실의 향군회관으로 주변의 환경도 좋고, 건물의 관리도 잘 되어 있었으며, 넓은 주차장 덕택에 임대사무실의 고질적인 문제인 주차 문제도 전혀 없었다. 뿐만 아니라 임대료도 높지 않은 편 - 전세가 기준 390만원/평, 이 금액의 10%를 임대보증금으로, 1%를 월 임대료로 정하였고, 전용율은 63% - 이었고, 임대면적 또한 어렵지 않게 조정이 가능했기 때문에 흠 잡을 데 없는 임대조건이라 할 수 있었다. 그러나 사무실 인원이 매년 늘어나면서 임대면적 또한 지속적으로 늘어나다 보니 임대료 부담을 무시할 수 없게 되었다. 사용한 면적이 140평 이었고 임대료가 600만원, 관리비가 400만원으로 합하면 지출액이 월 1,000만원에 이르렀다. 이 금액이 대출이자였다고 가정하면 연

임대사무실에 근무할 때 '저런 사옥이 있으면 얼마나 좋을까' 상상했었던 건물들

6%로 환산했을 때 20억원을 대출 받은 것과 같았다. 상황이 이렇다보니 그 대출금액으로 건물 즉, 사옥을 사는건 어떨까 하는 생각을 하게 되었다. 임대사무실을 몇 번 옮겨 다니면서 항상 근처에 보이는 조그만 건물이 우리 건물이면 얼마나 좋을까 하는 생각을 많이 하지 않았던가. 사옥이라는 단어만 떠올려도 흐뭇해지면서 마치 영화를 보는 것처럼 사옥에서 근무하는 상상을 하게 된다. 한편으로는 아직 때가 아닌데 지금 지나친 꿈을 꾸는 것은 아닌가 하고 몇 번이고 되짚어 보기도 하였다.

사옥에 대해 진지하게 검토했던 또다른 이유는 우리회사[1]가 개발한 기술 중에 흙막이 공법인 CJP(Continuous Joined Pile)와 흙막이 버팀 공법인 DBS(Double Beam Structure as strut)를 처음으로 시험 적용해 볼 수 있다는 생각 때문이었다. 지하 구조물에 대한 공법이므로 변수가 클 수 밖에 없고 혹시라도 계획했던 것과 다른 상황이 발생한다면 이를 해결하는데 많은 시간이 필요하므로, 우리 건물이어야만 이런 것들을 여유롭게 보완할 수 있다고 생각하였다. 이런 이유 때문에 사옥을 짓고자 계획을 하였고 우리 회사가 감당할 수 있는 범위 내의 규모도 정하였다. 그 당시 회사에서 운용할 수 있는 자금은 약 10억여원 이었다. 이 정도의 자금이면 평당 1,000만원의 대지를 100평 정도 구입할 수 있고, 이 대지를 담보로 6억원 정도를 대출하면 연면적 약 300평 규모의 건물을 지을 수 있게 된다.

여기까지가 개략적으로 갖게 된 사옥 건립에 대한 계획이었고 땅도 알아보기 시작하였다. 대지가가 그리 비싸지 않으면서 앞으로 발전 가능성이 높은 곳은 송파구라고 생각하여 송파구 내의 변두리를 타겟으로 하였다. 마침 전에 다니던 회사의 동료였던 친구[2]가 부동산 소개업을 하고 있어 여러 군데 땅을 소개받을 수 있었다. 그러나 매물로 나

1) 우리회사는 건축엔지니어링 회사로 건설기술용역을 수행하며, 신기술, 신공법을 개발하여 건축시공에 적용하므로써 공사비절감 및 품질향상을 증진시키는데 주력함
www.baro-ck.com
02)413-6503

2) 성공부동산 02)418-8300

방이 전철역에서 15분이 걸리는 대지
www.congnamul.com

와있는 땅들의 위치가 그리 만족스럽지 못하였다. 대체로 평당 1,000~1,500만원 정도의 대지가가 형성된 삼전동, 오금동, 방이동 등의 부지는 전철역과 너무 멀었다. 걸어서 약 15분이 넘는 거리가 되니 엔지니어링 사무실로서는 한계를 벗어난 위치였다. 어떤 경우는 주택지 내에 상가용 필지가 있기도 했지만 근린생활시설로 건축한다면 모르되 사무실 용도의 위치로는 대외적인 인지도에 있어 부적합하다고 판단하였다.

부동산인터넷사이트
부동산뱅크   www.neonet.co.kr
부동산114   r114.co.kr
유니에셋   uniasset.com

경매사이트
네인즈   www.neins.com

물론 친구가 소개한 물건 뿐만 아니라 인터넷을 통하여 원하는 금액과 지역을 검색하여 꽤 많은 매물을 검토해 보았는데, 대부분 실상과 인터넷상의 내용이 조금씩 다르고 소개자도 확실치 않아 신뢰를 할 수 없는 경우가 대부분이었다.

그 즈음, 건물은 오래되어 허름하지만 위치는 좋은 물건이 대치동에 있는데 보지 않겠느냐는 친구의 제안이 있었다. 대지를 구입하여 사옥을 신축하겠다고 생각하였기 때문에 머뭇거리기는 했지만, 대치동이라는 위치적인 매력 때문에 한번 실물을 보기로 하였다. 가서 보는 순간 외관이 참 특이한 건물이라는 생각이 들었다. 철판으로 창문도 없이 건물의 대부분을 뒤집어 씌워놓아 형무소 같았고, 외부는 오랫동안 손을 보지 않아 많이 낡은 상태였다. 내부는 이미 모두 이사하고 없는 빈집이었으나 관리가 잘 된 상태였다.

나중에서야 알게된 사실인데 매매할 건물이 비어있다는 것은 매매에 매우 불리한 상황이다. 왜냐하면 향

철판으로 둘러 씌워진 형무소 같은 분위기의 건물

1층 내부

4층 내부

후 건물을 건축주가 모두 사용할 것이 아니고 일부 또는 전부에 대해 임대를 해야 한다면 임대가 되지 않을 경우에 대한 부담이 아주 크기 때문이다.

등기부 등본 상의 대지면적은 105평, 연면적 300평, 지하1층 지상 5층까지 모두 근린생활시설 용도의 건물이었다. 90년도에 지어져 한번의 리모델링을 거쳐 전체를 의류회사의 사옥으로 썼던 건물이었다. 누수 하자 같은 기본적인 하자문제는 없을 것으로 판단되었고 건물의 골조도 균열이 없이 견고해 보였다. 가장 마음에 드는 것은 위치였다. 2호선 삼성역에서 5~7분 거리에 위치하고, 휘문고등학교 건너편이라는 것도 인지도 측면에서 매우 유리한 부분이었다. 또, 주 도로인 역삼로에서 한 건물 뒤의 이면도로 모퉁이에 있었지만 큰 도로에서 건물의 전면이 모두 보이고 큰 도로의 소음과 먼지를 피할 수 있는 위치라는 것도 좋은 점이었다. 또한, 남측으로는 초등학교가 있어 앞으로도 오랫동안 전망이 좋을 것이

이면 도로에 있지만 역삼로에서 전체 건물이 보인다

항공사진으로 찍은 건물 위치

주변에는 종로학원 등이 위치하여 학원가로 잘 알려져 있다(좌)
사무실 내부에서 보면, 멀리 대모산과 은마아파트가 보여 전망이 좋다(우)

서울시 인터넷 사이트의 토지정보 열람 서비스(http://lmis.seoul.go.kr/sis/index.html)에서 지역을 확인하면 도표와 그림에서처럼 지역의 구분이 나온다. 여기는 제2종일반주거지역으로 구분되어 있어 건축법에서 이에 해당하는 용적률을 확인할 수 있지만 건축법, 시조례, 고시 등 이를 정하는 방법이 복잡하여 구청 민원실에 문의하거나 건축사의 도움을 받는 것이 좋다

3) 서울시 도시계획조례 제55조(용도지역안에서의 용적률)

었다.

많은 장점들에도 불구하고 건물의 험악한 외관에 그 장점들이 묻혀 버려 새주인을 만나지 못했다는 생각이 들었다. 어느날 우연히 찾아오는 행운처럼 이 건물만의 장점들이 우리들에게는 또렷하게 보여졌다.

문제는 예산이었는데,

가격적인 측면에서 보면 건물의 가치는 없다고 보고, 평당 2,500만원×105평=26억원인 땅의 가격만 인정하는 매물이었다. 회사에서 부담할 수 있는 범위를 넘어섰지만 다시 분석해 보기로 하였다. 먼저 주위 건물의 시세를 확인해 보았으나 평당금액이 일정하게 형성되어 있지 않다는 것을 알게 되었다. 위치에 따라, 대지면적에 따라, 건물의 노후 정도, 주변여건 등이 모두 변수가 되어 평당 2,000만원~5,000만원까지 차이가 크고, 건물주의 생각에 따라서도 평당가격이 일정하지 않아 정해진 시세는 없는 것으로 생각해야 했다. 단지 이 건물이 매물로 나온 3년 전의 최초 매도 의뢰 가격이 35억원이었다는 사실만이 건물의 가치를 평가할 수 있는 유일한 단서가 되었고, 이렇듯 저평가 되어진 것은 심난한 외관과 빈집이라는 이유때문이라고 생각 되었다. 그렇다면 일단 신중하게 고려할 가치가 있다고 판단되었기에 재건축 할 것인지 리모델링 할 것인지에 대한 것과 우리회사가 이 정도 비용을 감당할 수 있을지에 대한 고민을 하기 시작하였다. 재건축할 경우를 검토해 보니, 대지면적이 105평이고 연면적이 300평(지하포함)이라면 신축할 당시의 건축법적 용적률(250%)을 거의 대부분 확보한 것이기 때문에 현 시점에서 재건축한다면 허용되는 용적률이 200%[3]이므로 더 불리해 지는 상황이 된다. 다시 말해 그 자리에 기존의 건물을 철거한 후 재건축을 한다 해도 면적은 현재의 면적보다 더 넓어지지는 않는다.

또 건물의 내부에 기둥이 없고 외곽으로만 기둥이 배치되어 있어 내부공간의 활용도 충분히 효율적이었기 때문에 다시 재건축을 한다 해도 더 나은 공간활용이 될 것 같지는 않았다.

건축법 기본 용어

항 목	내 용
용적률	대지면적에 대한 지상층 바닥면적의 합계 비율
건폐율	대지면적에 대한 건축면적의 비율
용도별 건축물의 종류	단독주택, 제1종 근린생활시설, 제2종 근린생활시설, 문화 및 집회시설, 판매 및 영업시설, 의료시설, 교육 및 복지시설, 운동시설, 업무시설, 숙박시설, 위락시설, 공장, 창고시설, 위험물 저장 및 처리시설, 자동차 관련시설, 동물 및 식물관련시설, 분뇨.쓰레기 처리시설, 공공용 시설, 묘지관련시설, 관광휴게시설, 기타 대통령이 정하는 시설
지역	도시계획법에 의하여 건축물의 금지 및 제한을 정함 전용주거지역, 일반주거지역, 준주거지역, 중심상업지역, 일반상업지역, 근린상업지역, 유통상업지역, 전용공업지역, 일반공업지역, 준공업지역, 보전녹지지역, 생산녹지역, 자연녹지지역
종	지역의 입지특성, 주택의 유형, 개발밀도를 반영하여 난개발을 막고 주거환경을 보호하기 위한 법으로, 각 지역을 제1종, 제2종, 제3종 등으로 구분한다.(예, 제1종 일반주거지역 등)

비용적인 측면에서도 재건축할 경우와 리모델링하는 경우를 비교해 보면 재건축비용은 7.5억(250만원/평당), 리모델링 비용은 4.5억(150만원/평당)으로 많은 차이가 있다.

당초 계획했던 것보다 대지가의 부담이 커졌기 때문에 리모델링으로 하는 것이 신축보다 훨씬 가벼운 상황이 된다. 그래서 리모델링 시의 구체적인 투입예산과 방안에 대해 진지하게 검토해 보기로 하였다.

건물의 구입준비

작은 옷가지 쇼핑을 위해 이것저것 비교해 보는 것도 마음이 설레는데, 건물을 사옥으로 사용하기 위해 새로 구입하는 것을 검토하는 일은 그에 비견할 수 없을 정도로 너무 즐거운 일이다. 아니 엔돌핀이 펑펑 넘치는 일이다. 그러나 사실 세부적으로 일을 진행하다 보면 이보다 더 골치아픈 일이 없다. 큰 회사라면 전담부서에서 전담인원으로 처리할 수 있지만, 작은 회사에서는 업무는 업무대로 진행하면서 추진해야 하기 때문에 별도의 시간을 내어 검토와 판단을 해야 한다. 물건은 있는 돈으로 덜렁 사면 그것으로 끝이 나겠지만 건물의 경우는 일정기간에 걸쳐 투입되는 자금 계획을 세우고 실수 없이 실행되어야만 하는 일이다. 또 건물을 리모델링한다는 것은 새로이 신축하는 일보다 절차와 상황이 쉽게 바뀌는 특성이 있어 감각적인 판단이 끊임없이 필요한 어려운 일이다.

그래서 일단은 중요도에 따라 순서를 정해 놓고 일을 추진하기로 하였다.

첫째, 판단을 위한 개략적인 예산을 세우고 그 가능성을 확인한다.

둘째, 가능한 한 도움이 되는 조직을 모두 동원하여 위험부담을 줄인다.

셋째, 공정표 즉, 내일부터 일일 단위로 해야 할 일들의 세부계획을 세운다.

개략적인 투입예상비용

리모델링으로 방향을 잡는다 하더라도 과연 우리회사의 역량으로 할 수 있을까에 대한 판단을 하여야 했다. 아직까지 무리하지 않고 천천히 뚜벅뚜벅 가자고 했던 방향이 조그만 욕심에 흐트러지는 것은 아닌지? 나중에는 너무 힘들어서 직원들 간의 불화가 생기는 것은 아닌지? 한편으로는 고민만 하다가 좋은 기회를 놓치는 것은 아닌지?

다시 한번 개략적인 지출비용과 운용가능비용을 검토해야만 했다.

지출 예상 비용
1. 대지가 - 25억 (이때쯤 25억으로 조정이 되었다)
2. 리모델링비용 - 4.5억
3. 세금[4] 등 제비용 - 1.5억
4. 이사비용 및 부동산 소개료 - 1억
계   32억

운용 가능 금액
1. 가용여유자금 - 12억
2. 대지담보대출 - 13억
3. 현재 임대건물의 임대보증금 등 - 1억
계   26억

---

4) 세금
(지방세법 131조 부동산 등기의 세율)

등록세	취득금액의 2.0%
교육세	취득금액의 0.4%
취득세	취득금액의 2.0%
농특세	취득금액의 0.2%
계	4.6%

여기까지가 확실하게 확보할 수 있는 자금이었다. 대지담보 대출부분은 이미 건물주에 의해 대출이 이루어져 있었기 때문에 우리회사의 신용도에 문제만 없다면 어렵지 않은 상황이었다.

그러면 약 6억원 정도가 부족한데 불확실하지만 확보할 수 있는 자금을 검토해보면
1. 입주할 때까지의 회사의 영업이익 - 2억
2. 향후 기대되는 임대보증금 - 2억
  계   4억

개략적으로 추정한 금액으로도 약 2억원 정도가 부족하였지만 그 정도면 극복이 가능한 금액이라고 생각하였다. 대지담보대출을 조금은 더 받을 수도 있고, 불가피할 경우 기업 마이너스 대출도 어렵지 않을 것으로 판단이 되었다. 한번 마음이 쏠리고 나면 그것을 되돌리기는 쉬운 일이 아니다. 어느정도 무리가 있다는 것을 확인했음에도 마음을 되돌리기에는 이미 때가 늦어 버렸다.

사고 싶다는 생각에 발길이 떨어지지 않았다

건물 계약

한 기업이 법인등록이 된 후 5년 이내에 수도권에서 부동산을 취득하면 꽤 큰 중과세[5]- 부동산 취득시 부과되는 등록세 및 교육세를 3배로 정하는 -를 물도록 되어있다. 이것은 도심에 기업이 집중되는 것을 방지하고 지방으로 분산하려는 국가 시책에서 비롯되었다고 한다. 우리회사가 매입 가계약을 맺은 시점은 2005년 12월말로 법인 등록 후 5년이 되려면 약 4개월여가 더 있어야 했다. 물론 실질적으로 건물을 수리하고(리모델링하고) 입주하려면 그 정도의 시간이 걸리기는 하겠지만 법적으로 소유권 이전 시점 즉, 등기 시점을 어느 때 할 것인가가 중요하므로 중과세를 피해갈 수 있는 두가지 경우에 대한 세금검토가 필요하였다.

5) 지방세법 제138조 대도시 지역내 법인등의 중과

첫째는, 일반적인 방법으로 우선 계약을 하고, 중도금을 지급하고, 입주시점인 4개월 후에 잔금 지불과 함께 등기를 이전하는 방식과

둘째는, 계약을 하고, 중도금 지급과 동시에 건물의 가등기[6]를 하고, 입주시점인 4개월 후에 잔금지불과 함께 본등기를 이전하는 방식을 생각할 수 있다.

이 두가지 방법 모두 중과세를 물지 않을 수 있는 방법이다. 하지만,

첫번째 방안은 기존의 건물주가 계약 후 등기 이전이 안된 상태에서 본 건물을 담보로 추가 대출을 한다든지 또 다른 사람에게 다시 한번 더 파는 행위를 통제할 방법이 없으므로 위험부담이 너무 큰 것으로 판단 되었다.

두번째 방법에 대해서는 여러 가지 의견들이 있었는데, 그 방안에 대해 회계사, 법무사, 이 분야에 근무 경력이 있는 공무원의 의견이 조금씩 달랐다.

방안을 다시한번 정리하면 '현 시점에서 건물에 대한 구매계약을 하되, 중도금만 지불을 하고 완전히 등기 이전을 하지 않은 채, 중도금 지불 시 가등기를 한 후, 4개월 이후에 잔금을 지불하고 본등기 서류를 접수하면 중과세를 피해갈 수 있다' 이다. 이에 대해,

의견 1. (가능하지 않다는 의견 - 세무사 측의 의견)
가등기만 하고 약 4개월 후에 등기를 하였다고 하여도 실질적인 구매행위가 이루어졌다고 볼 수 있으므로 구청에서 실질적인 구매행위로 판단할 수 있고 등록세 중과세가 부과될 소지가 있음.

의견 2. (가능하다는 의견 - 법무사 측의 의견)
법의 집행은 추측에 의해서 이루어 지는 것이 아니고 증거에 의해 이루어 지므로 가등기를 세금부과의 시점으로 보지 않고, 잔금이 지불되고 정식 등기가 이루어진 시점이 법을 적용할 수 있는 시점이 되므로 등록세 중과세가 부과되지 않을 것임.

---

6) 가등기담보 등에 관한 법률, 가등기에 관한 업무처리지침(등기예규 제1057호) 참조

가등기의 효력 ; 가등기의 효력은 청구권 보전의 목적에 한한다. 그러므로 가등기의 효력은 순위를 보전하는 효력밖에는 없다. 가등기가 되어 있는 등기에서 본 등기를 하였다 할지라도 가등기에 의한 본등기를 실행하면 순위보전의 효력을 인정받을 수 있다. 예를 들어, 갑으로부터 을에게로 소유권이전에 관한 가등기가 행하여진 후 갑으로부터 병에게로 소유권이전의 본등기가 행하여진 경우, 을이 가등기에 의한 본등기를 행하면, 비록 을의 본등기가 병의 본등기보다 늦게 행하여졌다 하더라도 을은 병의 본등기에 앞서 등기된 가등기를 원인으로 병의 본등기보다 순위가 앞서게 된다.
http://blog.paran.com/ilhwa2580/14749177

의견 3. (가능하다는 의견 - 이 분야 경력이 있는 공무원의 의견)
공무원은 있는 자료에 의해 실행하는 것이 임무이기 때문에 등기 시점과 5년이 경과한 시점에 의해 판단함.

이런 의견 등을 바탕으로 가등기하는 방법을 택하였다. 만약 건물에 임대인이 입주해 있었다면 임대인과의 계약 주체가 모호하여 복잡한 방법이었겠으나, 건물이 비어 있고 건물을 수리하지 않으면 안되는 상태였기 때문에 가등기하는 방법이 가능하였다고 생각되었다. 물론 기존의 건물주가 손해 보는 것처럼 보이나, 꽤 오랫동안 매매가 되지 않았던 건물이 처분되는 과정이었으며 실질적으로 받을 수 있는 현금으로 중도금이 지급이 되었고 잔금은 현금이 오가는 것이 아니라 건물을 담보로 대출의 명의가 바뀌는 것이므로 금전상의 손해는 없다고 할 수 있었다. 가등기란 제도는 청구권자(부동산에서는 구매하는 사람)의 권리를 보호하기 위해 정해졌다고 할 수 있다. 예를들어 중도금을 주고 잔금을 지급할 때까지 가등기를 하면 안전한데, 이의 행위를 하지 않으면 중도금과 잔금 즉, 본등기 사이의 기간에 제3자가 청구권을 행사하였을 경우 중도금을 받지 못하는 경우가 생길 수 있다. 관행상 가등기를 하지

않고 있지만 매매자가 의심스러울 경우는 반드시 가등기를 하는 것이 좋다고 생각한다.

그 외에 계약 시 정리하여야 할 것이 있었다.

① 건물은 보통 대지가와 건물가로 구분을 하게 되는데, 대지가는 부가가치세가 없다. 대지는 그대로 자연이기 때문일 것이다. 그러나 건물에 대해서는 부가가치세를 지불하여야 한다. 이것은 누군가가 노력하여 부가가치가 생겼다고 볼 수 있기 때문이다.

우리 건물의 경우 대지가를 20억원, 건물의 가치를 5억원으로 부동산[7] 계약서에 명시를 하였다. 만약 기존의 건물주가 법인이었다면 건물가치 5억원에 대해 부가가치세를 내야 했을 것이다. 그런데 기존 건물주는 사업자가 아니고 일반인 즉, 자연인이었기 때문에 부가가치세 없이 구입하게 되었다. 하지만, 새로운 건물주가 법인이기 때문에 향후 본 건물을 일반인에게든지 법인에게든지 판매를 하게 될 경우는 건물가 5억원에 대해 부가가치세 10%를 더

7) 일반적으로 건물의 가치는 150만원/평당으로 책정하는 것이 일반적인 통념이라고 한다 - 세무사의 의견

부가가치세법

우리나라에서 사업을 하게 되면 부가가치에 대해 10%의 부가가치세를 국가에 납부하도록 되어있다. 하지만 사업을 하지 않는 일반인 즉, 자연인은 이 부가가치세를 내지 않는다.

■ 부가가치세법에 대한 설명

	자연 및 비사업자	사업자1	사업자2	최종소비자
	도자기용 흙을 판다	도자기를 만들어 유통회사에 판다	소비자에게 판다	
산 금 액	0원	20원	110원	165원
판 금 액	20원	110원	165원	
납부한 부가가치세		10원	5원	

실제로 사업자1의 10원과 사업자2의 5원의 납부되는 부가가치세는 최종소비자가 지불한 15원이다.

추가하여 매매가 될 것이다. 물론, 5억원에 대해서는 감가상각[8]이 이루어지는 회계 처리가 된다.

② 중도금을 지불하기 전까지 등기부등본 상의 채무사항 즉, 근저당이 정리가 되어야 한다. 본 건물에 대해서는 13억이 잔금이었으므로 가등기 시 등기부 등본 상의 근저당이 13억원 이하로 정리되도록 계약서에 명기하였다.

③ 가등기 상태에서 건물의 제3자에 대한 임대계약이 이루어질 경우는 기존 건물주와의 계약이 이루어져야 하므로 계약을 모두 본등기 시점까지 연기하였다.

④ 비어 있는 건물을 수리해야 했기 때문에 기존의 건물 관리상 필요로 하는 서류를 중도금 지불 시 접수해야 했다.
 - 각종 도면 (15년 된 건물이라 보관이 되어 있지 않았다.)
 - 기존의 건물관리 거래처 (엘리베이터, 전기 안전점검, 가스 등)

건물에 대한 상식이 부족한 일반인들에게는 기대하기 어려운 내용일 수 있으나 이런 건축관련 서류가 보관되어 있었다면 새로 구매한 건물주로서는 아주 유용한 자료가 되었을 것이다.

8) *일반적으로 40년 등분할로 처리한다고 한다*   *- 세무사의 의견*

외관설계가 건물의 가치를 결정한다

외관 분석

기존의 건물은 90년도에 신축되어서 약 10년전 쯤에 이미 한번 리모델링되었던 건물이었다. 원래의 마감 위에 철판으로 뒤집어 씌우고 도장으로 마감을 한 상태였다. 창문이 거의 가려진 것은 원래 고급 의류회사의 사옥이고 또 고급 원단을 가공하는 장소로 사용하였다고 하니 되도록이면 햇빛을 차단해야 하는 이유가 있었을 것이다. 또 기둥처럼 보이려는 의도였는지 바닥에서 2층까지의 열주가 외관을 무겁게 하였다. 외관 관리가 되지 않아서 우중충하고, 일부는 철판의 녹이 외부로 번져 나왔으며, 철판이 벌어진 곳도 있었다. 우리건물 리모델링의 첫번째 일은 외관에 부담을 주고있는 이 철판을 모두 걷어내는 것이었다. 하지만 시점상 철판 철거 전에 설계가 되어야 하므로 철판 안의 건물이 어떤 모습인지 알아야 했다. 철판의 일부를 떼어보기도 하고 내부에서 폐쇄된 창을 열어보기도 하니 원래 건물의 외부벽체와 외부마감을 어느정도 확인할 수 있었다. 외부벽체는 거의 조적으로 구성되었고 그 위에 옆으로 긴 창문이 있었으며 조적벽체 외부는 타일로 마감되어 있었다.

내부에서 창을 열고 밖을 보면 1차 리모델링시 뒤집어 씌운 철판의 내부 구조가 보였다. 원건물의 외관 마감재는 타일이었다

조적 벽체를 얼마나 털어낼 것인지, 얼마나 그대로 두고 리모델링을 할 것인지에 대한 자세한 부위의 결정은 철판으로 된 외관을 철거하고 결정할 문제였다.

철판을 걷어 내고 나니 외관 디자인에 꽤 신경을 쓴 건물이 나타났다. 하지만 창이 너무 많아서 추울 때나 더울 때 쾌적하게 사용하기는 어려

역삼로에서 정면으로 보이는 건물의 북측면은 화장실과 계단실 부위로 화장실 창문을 제외한 모든 면을 철판으로 뒤덮여 있었고, 2층에서 평면을 달리하여 아래층을 들여밀어 건물의 입체감이 표현되었다.
정면 역시 창문 하나 없이 철판으로 뒤집어 씌우고, 하부층은 열주처럼 보이도록 디자인되었다

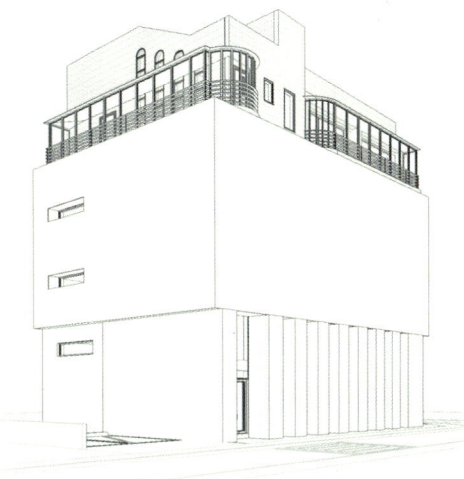

사무실의 부족한 채광을 위하여 남측면은 창문을 크게 노출시켰고, 좌우대칭을 위하여 북측면처럼 아래층을 들여밀었다. 지하출입구(회색철판구조물)는 매우 조악해 보였다

외부의 철판을 걷어내니 붉은색 타일면에 창문이 매우 많은 형태의 건물이 나타났다. 채광과 조망은 좋겠지만, 열관리에는 매우 취약한 건물이었다

3D 모델링:(주)포엠아이
www.4mi.co.kr

운 건물이었을 것으로 보였다. 창이 많은 것은 디자인 면에서는 유리하겠지만, 우리나라의 험한 외부 기후로부터 입주자가 안락함을 느끼는 보호처 즉, 쉘터(Shelter)가 되어야 한다는 면에서는 아주 불리하다. 계단실은 물론 사무실 공간에도 저렇게 긴 창을 두고서는, 그리고 모든 창을 미서기창(Sliding type)으로 하고서는 안락할 수가 없었을 것이다. 아니면 안락하기 위해 사용되는 냉난방비가 아주 많았을 것이었다. 아마도 외기를 차단하기 위한 것이 철판을 뒤집어 씌운 이유 중의 하나일 것으로 판단이 되었다. 철의 뛰어난 열전달 성능을 고려할 때 실질적으로 도움이 되지는 않았을 것으로 생각되지만…

주 출입구의 상징성

현재 철판으로 마감된 건물에서는 주 출입구가 어디인지 인식이 잘 되지 않았다. 이것도 건물의 정체성이 없어 보이는 요인이라는 생각이 들었다. 계단실 부분을 주 출입구로 강조하여 건물 사용자의 출입을 자연스럽게 유도하는 것이 보통인데 이 건물은 어느 부분이 주 출입구인지 건물의 외관으로 강조되어 있지 않았다. 건물이 5층이었기 때문에 각 층에 서로 다른 회사가 입주할 수 있으므로 계단실인 주 출입구가 강조되어야 각 층에 찾아오는 사용자가 자연스럽게 계단을 이용하게 될 것이다. 또한, 주 출입구는 많은 사람들의 주 통로가 되는 곳이므로 밝아야 한다. 원래의 건물에서는 창문도 크고 계단참 부분도 개구부를 두어 계단실의 일체감을 두려고 하였던 것으로 보였다. 1차 리모델링하는 과정에서 계단실 부분의 외부 창을 모두 철판으로 감싸서 계단실이 무척 어두워졌

건물의 주출입구(좌)
주출입구 내부에서 밖으로 본 전경(중)
건물의 내부 2층 계단실에서 주출입구 방향으로 본 전경(우)

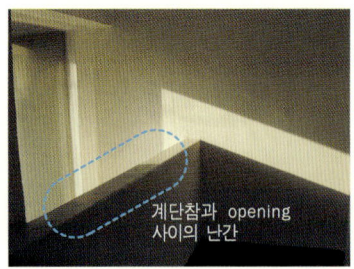

고, 계단참 부분의 개구부 부분에도 목재로 난간을 만들어서 개구부의 효과가 모두 없어진 건물이 되었다.

좋은 설계와 좋은 기술의 만남이 좋은 건축을 만들 수 있다

리모델링 진행과정상으로 볼 때 기존건물의 외관분석이 모두 끝난 후 리모델링 설계에 들어가는 것이 정상적이겠지만 우리의 경우는 분석이 진행되면서 리모델링 설계도 동시에 이루어졌다고 할 수 있다. 내부 리모델링의 경우는 분석과 동시에 아이디어가 나오는 경우도 많았고, 여러가지 안을 오랫동안 평가하여 결론을 내리기도 하였다. 그러나 외관 설계는 건축가가 해야 할 부분이라고 생각하였다. 이는 외관이 아름답지 못하다면 이미 그 건물은 생명을 잃은 것이나 다름없다고 판단했기 때문이다. 건축물의 디자인은 작으나 크나 시대를 표현하는 문화의 산물이며, 주변 건물과의 조화, 그 거리의 특성을 살리는 것 등 건축가만이 할 수 있는 고유의 업역이라고 생각한다. 또한 상업적으로 생각해 보면 건물의 외관 디자인이 잘되고 못되고의 여부에 따라 건물의 가치가 결정되며, 임대가 되느냐 마느냐, 임대가가 어떻게 형성되느냐를 결정짓는 가장 중요한 요인이 된다고 할 수 있다.

우리건물의 외관 설계는 우리나라를 대표하는 중견 건축가로 인정을 받고 있는 한메건축의 이충기소장이 맡아주었다. 한메건축[1]과는 설계하는 건축물의 구조설계나 견적 일을 많이 하는 협력관계이다 보니 이충기소장의 설계 수준이 매우 높다는 것을 잘 알고 있어 부탁을 하게 되었다. 좋은 설계와 좋은 기술의 만남이 좋은 건축물을 만들 수 있다는 생각을 늘 해왔기에 같이 해보자고 의견을 모을 수 있었다.

외관 설계를 위해서는 기존 건물의 도면이 필요하였지만 기존의 건물 뿐만 아니라 1차 리모델링 도면도 없었다. 일반적으로 그러하듯이 도면도 없이 감각적으로 리모델링을 했을 것이라는 생각이 들었다. 결국 우리는 내외부 건물의 크기를 모두 실측하여 도면화 하는 수 밖에 없었다. 해체하지 않으면 알 수 없는 부분들만 제외

1) 한메건축:www.hanmei.or.kr

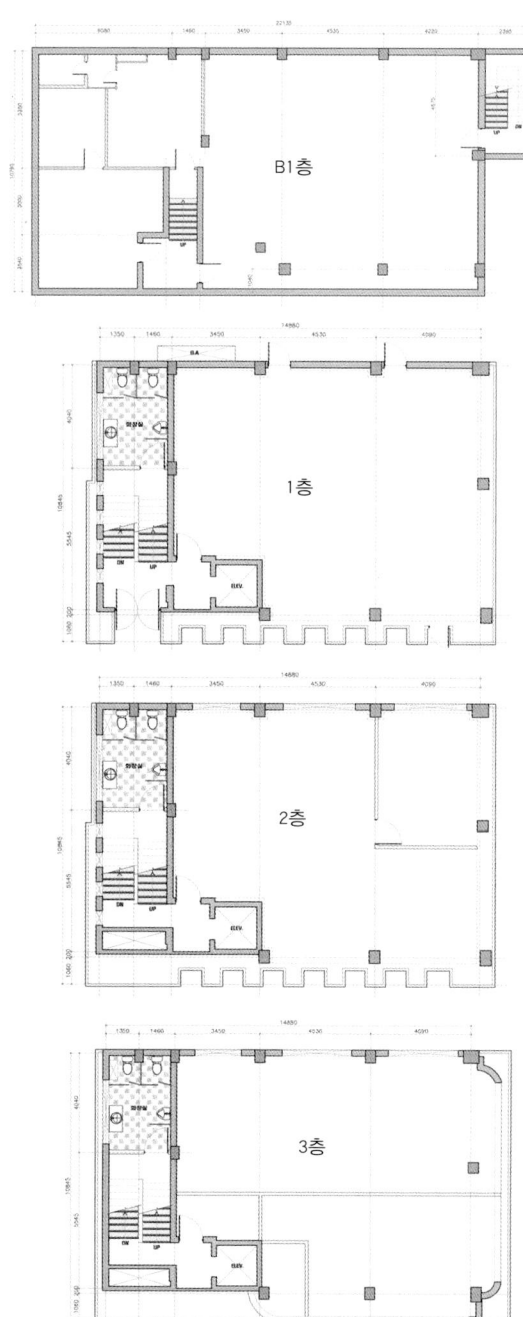

실측된 기존 건물 평면도

하고는 2명의 기술자(직원)가 3일을 꼬박 투자하여 실측된 도면을 마무리 할 수 있었다.

외관 설계를 위해 필요한 실측도면이 준비되고나면, 건축주와 설계자간의 협의가 필요하다. 즉, 건축주의 요구사항을 서류로 정리하여 건네는 일이다. 이것은 설계를 처음부터 일관성있게 진행하기 위해 가장 중요한 사항이다. 물론 건축주가 요구하는 사항에 대해 설계자는 적절한 조정과 더 나은 방법의 제시가 있게 된다. 이런 협의 및 확정이 초기에 이루어져야 일의 진행이 빨라질 수 있다. 우리건물의 요구사항은,

① 특별하게 구조를 변경하지 않는다.

층수를 늘린다든지, 면적을 넓힌다든지, 지하주차장을 만든다든지 하는 구조변경은 하지 않는다.

② 외관 설계에 석재는 사용하지 않는다.

외관에 석재를 사용하는 것은 근래의 건물에 유행처럼 되어 왔으나, 석재의 느낌이 항상 좋은 것만은 아니다. 대형건물에는 중후한 멋을 내기에 적정한 마감재이나, 소규모 즉, 5층 전후되는 작은 건물에서는 건물이 돌에 짓눌리는 느낌을 주어 바람직한 마감재로 표현되기가 아주 어렵다고 생각한다.

③ 주 출입구 부분의 강조가 필요하다.

앞에서도 언급하였듯이 주 출입구는 건물의 중요한 상징이다.

④ 적절한 크기의 창호가 필요하다.

창은 전망과 채광과 환기와 냉난방 그리고

디자인 등 모두를 해결하는 요소이다. 따라서 이 모두를 감안한 디자인이 필요하다.

⑤ 경량인방재를 일부에 마감재로 사용한다.

우리회사에서 개발한 바로나 경량인방은 가끔 실내 디자인에 사용되기도 하였다. 외장재로 사용하여도 좋을 것이라는 판단으로 적절한 시험사용이 필요하다.

크지 않은 건물이어서인지 3주 정도의 짧은 기간에 외관설계가 마무리되어 그 결과를 볼 수 있었다. 도면과 모형으로만 볼 수 있는 것이었지만, 건물이 완성되었을 때 충분히 좋은 결과가 될 것이라고 짐작할 수 있었다. 조금은 가벼워 보이지만 발랄한 현대적인 감각이 있었고, 차가운 느낌이었지만 군더더기 없는 말끔한 외관이었다.

외관 디자인은 몇가지 핵심적인 요소로 구성되었는데,

① 스트립
② 커튼월
③ 지붕부분의 패널
④ 북측의 넓은 면처리

로서 하나하나 자세히 보기로 한다.

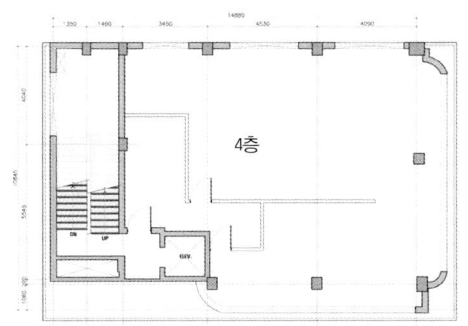
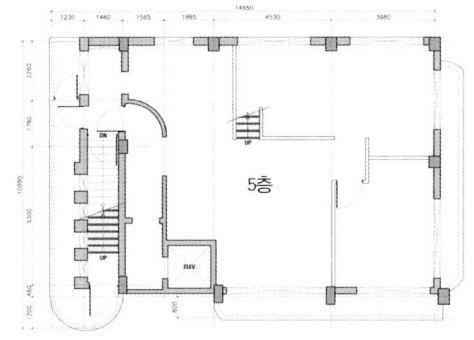
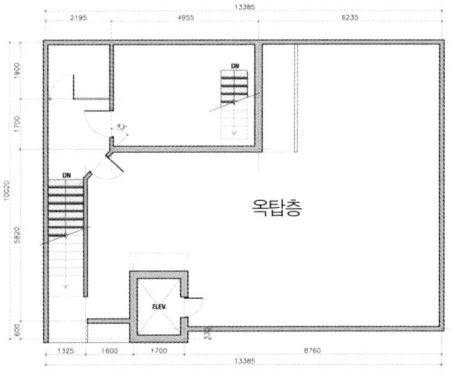

실측된 기존 건물 평면도(4층~옥탑층)

기존의 마감을 커버하는 스트립[2]

외관의 주요 디자인 컨셉은 스트립이었다. 기존의 외부 마감인 철판만 제거하고 그 내부의 벽체는 털어내지 않았기 때문에 기존의 마감재를 덧 씌우는 방법으로 외관을 마감해야 하며, 가능한 기존의 조적벽체를 최대한 활용해야 비용을 줄일 수 있었다. 물론

2) 스트립이란 일정 크기의 막대(Bar)형 자재를 수평으로 건물의 벽에 일정 간격으로 설치하는 마감

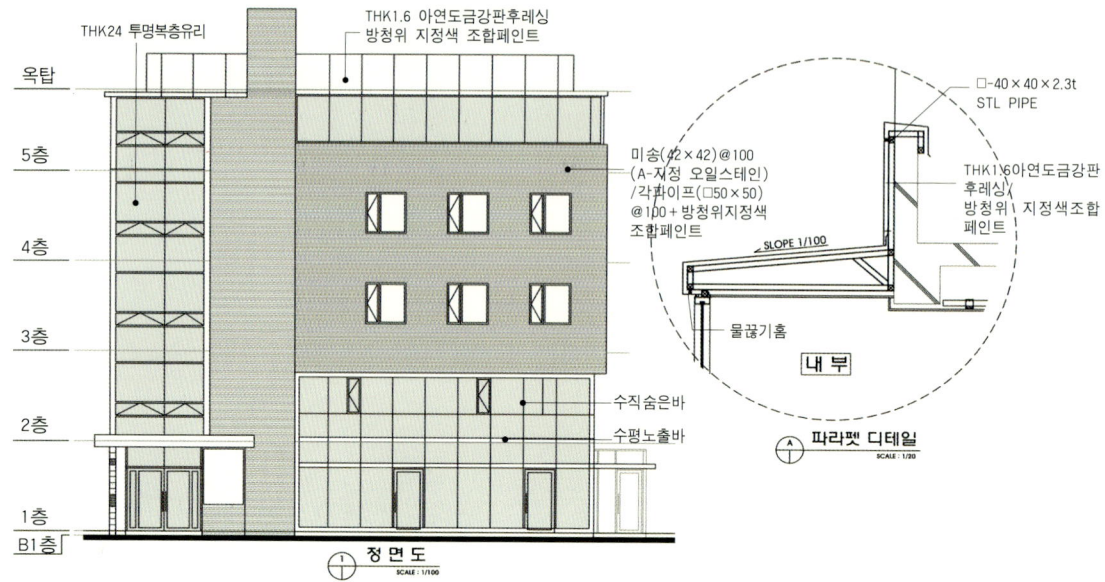

정면도

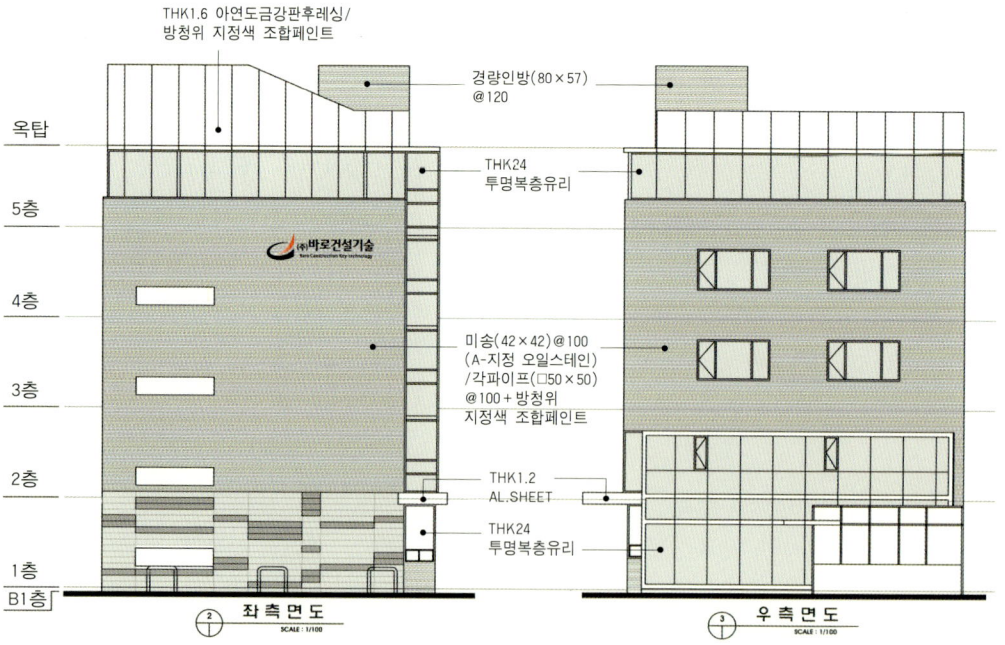

좌우 측면도

30 리모델링 계획

기존의 타일 마감을 그대로 외관으로 사용하는 방법은 처음부터 생각하지 않았다. 타일의 색도 다를 것이고 타일은 시대에 뒤떨어지는 마감재이다. 현재 가장 일반적인 건물 외벽 마감재는 석재일 것인데, 석재마감은 처음부터 배제하기로 하였다. 외벽 마감재로 석재 마감을 제외하고나면 마땅히 선택할만한 재료가 없다. 대형건물이라면 복합패널도 고려했겠지만 비싸기도 하고 소형건물에는 더욱 더 비싸져 투입 대비 효과의 균형이 맞지 않는다. 각형 스트립을 마감재로 설계한 것은 비용을 고려한 좋은 선택이라고 생각했다. 내부의 원건물의 마감을 그리 비싸지 않은 가격으로 커버하면서 스트립만이 강조되는 신선한 느낌을 줄 수 있었으니 말이다.

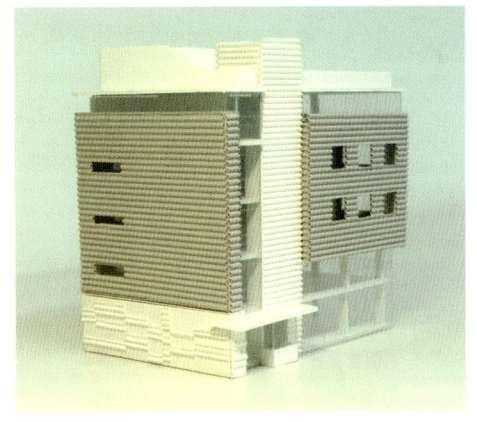

설계시 제작되었던 모형

스트립 외관으로 디자인된 건물

3) 비내력 장막벽으로 사전적인 뜻이 있으나 여기서는 몇개층에 걸쳐 설치되는 대규모 창으로 이해하기로 한다

스트립과 균형을 맞추는 커튼월[3]

외관 중에서 1,2층과 계단실이 커튼월로 설계되었다. 계단실 부분의 커튼월은 수직적 요소가 강조되는 디자인이고 1,2층 커튼월은 그 위의 스트립과 조화를 이루는 수평적인 요소가 강조되는 디자인이었다. 1,2층을 커튼월로 디자인한 또 다른 이유는 1층을 사무실이 아닌 상가로 임대하기 위해 기능적인 측면도 고려했기 때문이다. 1층이 일반인을 상대로 하는 상가로서 효율적이기 위해서는 외부에서 쉽게 접근할 수 있도록 개방감을 주는 전면 유리 마감이 바람직할 것이었다. 뿐만 아니라 1,2층이 같은 업소로 임대 된다면 내부의 슬래브 일부를 터서 2개층을 효율적으로 사용할 수도 있고 외관적으로도 같은 업소로 인식 될 수 있다. 결과적으로 같은 업소가 임대되지는 않았지만 외관적인 시원함만으로도 가치있는 디자인이었다고 생각된다.

주출입구의 강조

계단실 부분을 커튼월로 한 이유는 디자인의 요구조건이었던 주 출입구가 강조되어야 한다는 점과도 잘 부합되면서 내부에 자연채광과 조망을 할 수 있는 쾌적한 공간도 확보될 수 있기 때문일 것이다. 외관 설계가 된

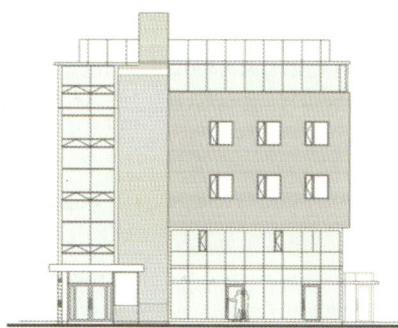

정면도

1~2층이 동일한 업소인 건물

원래 건물과 1차 리모델링 건물의 주출입구 - 건물의 면과 같은 면에 주출입구가 있어 인지가 잘 되지 않는다

주출입구를 돌출시키고 커튼월로 처리하여 강조함

이후에 내부 계단실 부분의 활용도를 좀 더 높이기 위해 계단실 부분을 밖으로 약간 돌출하는 구조변경을 하게 되었다. 구조변경에 대해서는 뒤에서 더 자세히 설명하기로 한다. 설계 도면상에서 표현된 주출입구 부분의 강조가 약간의 돌출로 인해 실제로는 더 확연히 강조된 건물이 되었다.

5층 부분의 외관

기존 건물 5층은 내부에 주방이 있고 온돌바닥인 것으로 보아 주거용으로 사용되었다가 사무실로도 사용되었을 것으로 보인다. 한번 1차 리모델링을 했을 때도 5층은 그대로 둔 상태였다. 원래 베란다였던 곳에 알루미늄창과 알루미늄 시트로 천정을 처리하였는데 그것은 서민 연립주택에서 볼 수 있는 베란다 처리로 건물 전체를 조악하게 보이게 하는 가장 큰 원인이었다. 이 부분을 깨끗하게 정리하는 것도 이번 리모델링에서 해결해야 하는 과제였다.

이 부분에 대한 처리는 ①베란다 부분에 높이 1m까지 조적을 쌓아 기존의 철재 난간을 대신 할 수 있게 하며, ②조적 높이까지 외장 스트립을 설치하고, ③조적벽 위에는 옆으로 긴 알루미늄 창을 설치한 후 ④창 위를 아연도 철판 패널로 옥상 난간까지 커버하는 마감으로 설계되었다.

지저분하게 설치된 외부 베란다 창과 그 지붕(위), 깔끔하게 정돈되도록 설계된 5층 부분(아래)

회화적인 디자인의 적용

엘리베이터 코어부분과 북측면의 하부에는 우리회사에서 생산하고 있는 바로나 경량인방으로 마감 처리를 하였다. 코어부분에는 경량인방 중 작은 사이즈(57×80)를 뉘어서 스트립으로 설치하였는데 인접한 금속재의 매끈한 스트립 디자인과 맥을 같이 하되 시멘트 계열인 경량인방의 투박한 질감이 코어를 강조하는 디자인 요소가 되었다.

북측면 즉, 주차장 하단 벽체는 질감이 다른 두가지 경량인방을 이용하여 회화적으로 디자인하였다. 경량인방의 종류 중 표면에 길이 방향으로 줄이 있는 인방(80×190)과 줄이 없이 매끈한 인방(57×190)이 있는데, 이 두개의 다른 질감을 면에 엇갈려 배치하는 것으로 디자인이 되었다. 큰 길에서 접근하는 시선에 노출되어 있는 면이라 하부의 넓은 부분을 그냥 밋밋하게 둘 수는 없는 부분으로 상부의 깔끔한 스트립 마감과 대비되도록 최대한 거친 마감이 되는 개념이어야 했다. 시공이 아주 어려워 고생하였고 시공 이후에도 여러가지 보완을 하지 않으면 안되었지만 설계자의 의도를 최대한 살려 디자인된 것과 정확하게 일치할 수 있도록 시공에 신경을 쓴 부분이었다.

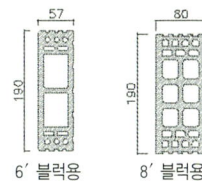

북측 주차장 부분의 벽면-너무 밋밋한 넓은 면이었다

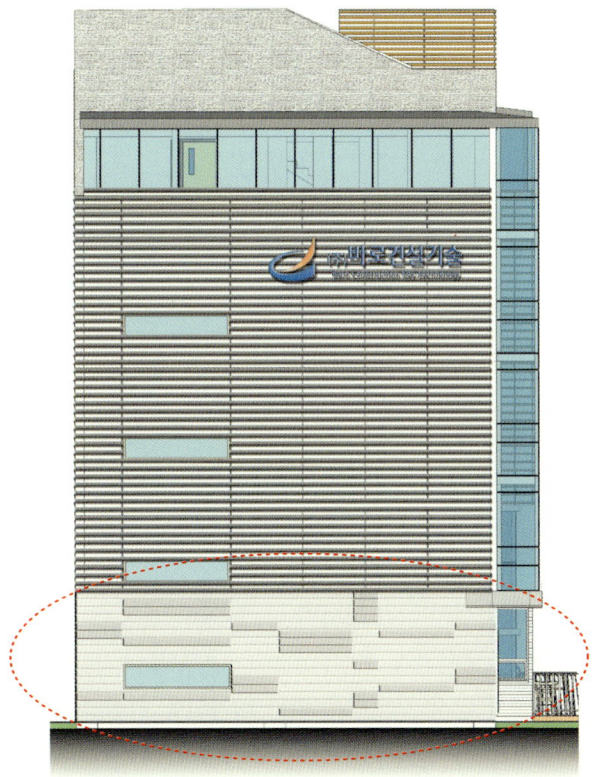

밋밋하던 넓은 벽면이 회화적인 디자인으로 발랄해졌다

최소한의 구조변경

구조 프레임은 그대로

원 건물은(한번 리모델링 전의 건물) 외곽에만 기둥을 배치하고 이를 田자 형태의 보로 엮어 내부에는 기둥이 없는 구조로 되어있었다. 건물의 짧은 폭인 동서 방향으로 12m 길이(span)를 중간에 기둥없이 40×50cm(보폭×보높이) 크기의 보만으로 구조를 해결하였고, 정면으로만 1m 내민보(캔틸레버)가 형성되어 있었다.

주요 구조부는 꽤 효율적인 구조라고 평가할 수 있어 이를 건드릴 필요는 없었다. 하지만 설계와 관련된 부분 즉, 평면을 효율적으로 사용하기 위해 부분적으로 변경해야 할 부분으로

① 건물의 원형 모서리 부분을 직각으로 변경
② 2층의 슬래브 일부 확장
③ 계단참 부분 확장

세 부분이 있다.

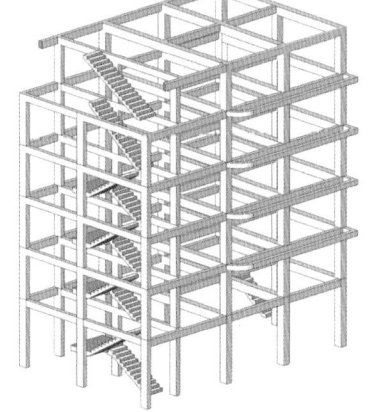
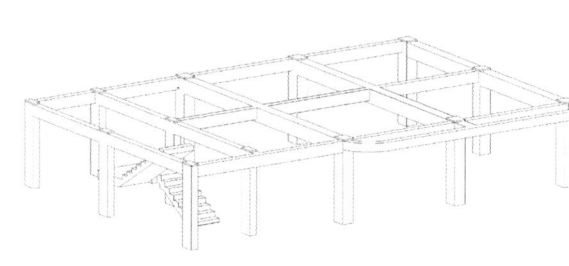

건물 전체 프레임도- 외부에만 기둥이 있고, 내부에는 기둥을 두지 않았다(좌)
3층 프레임도- 정면쪽으로 켄틸레버 보를 내밀어 건물의 외부면을 돌출시켰다(우)

평면적으로 효율적인 직각 모서리

우선 건물의 모서리가 원형으로 구성된 부분이 철거 대상이었다. 원 건물의 설계 당시 부드러운 외관 디자인을 위해 그리 되었을 것이나, 원형의 모서리는 사용적인 측면에서 볼때 비실용적인 평면이다. 외관이 이미 스트립의 샤프한 직각으로 설계가 되었기 때문에

건물의 모서리가 원형으로 된 부분은 직각이 되도록 슬래브를 확장하여야 했다. 건물의 내부 벽체는 원형 그대로 두고 스트립만 직각으로 하는 것도 생각해 보았으나 사무실 공간의 활용 측면에서도 둥근 모서리는 쓸모가 없는 자투리 공간이어서 직각으로 변경하기로 하였다. 이를 위해서는 3층에서 5층 슬래브 전체에 대해 원형의 기존 조적벽체와 슬래브의 끝 마구리를 털어낸 후 평면이 직각이 되도록 슬래브를 덧붙인 다음 조적벽체를 새로이 쌓는 작업을 진행해야 했다.

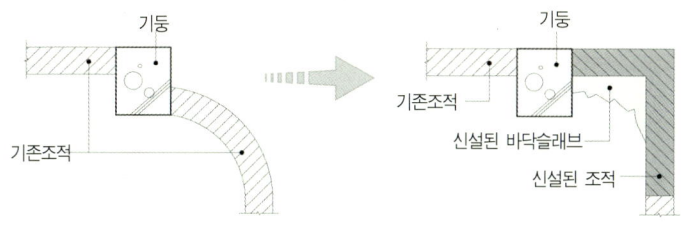

원 건물의 모서리 부분 평면(좌)
최종 건물의 모서리 부분 평면(중)
원형 모서리 벽체의 철거표기(우)

잃었던 면적의 회복

1차 리모델링 시 디자인 때문에 2층의 일부 슬래브를 철거했는데, 이 과정에서 줄어든 면적의 일부는 다시 살릴 필요가 있었다. 원 건물의 캔틸레버 만큼인 1m를 복구하기에는 일이 너무 커져서 무리하지 않는 범위 내에서 하기로 하였다. 디자인 상으로도 상부의 스트립 마감 부분보다 하부1,2층의 커튼월 부분이 조금 들어가야(Set Back) 건물의 볼륨감이 더 있어보이기 때문에 많이 복구할 필요도 없었다. 제거하였던 슬래브를 복구하는 폭의 크기는 상부 알루미늄 스트립이 기존의 건물에서 돌출되는 폭인 30cm 정도로 결정하였다.

1차 리모델링시 2층 슬래브가 제거되어 있는 상태

원 건물의 2층 평면도(좌)
1차 리모델링 시의 2층 평면도(중)
최종 건물의 2층 평면도(우)

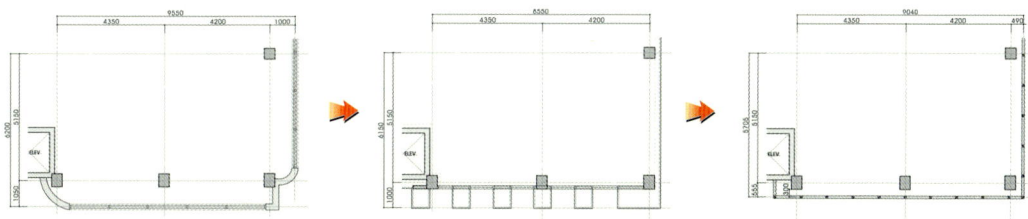

계단참은 홀의 개념

구조보강 중 가장 큰 부분이 주출입구 부분이었다. 기존의 구조는 각 층의 계단참 부분에 개구부가 있어 계단참이 너무 좁다고 판단되었다. 각 층의 계단참은 그 층을 사용하는 사무실에서는 조금은 넓은 홀의 개념일 수도 있을텐데 말이다. 그래서 계단참의 개구부를 메우고 외부로도 좀 더 확장하여 계단참의 적정 공간을 확보하기로 했다. 이 부분은 각 층의 사무실 입구의 휴식공간으로도 사용될 수 있을 것이고, 외부에서 볼 때도 디자인적인 측면에서 주출입구 부분을 강조하는 효과를 얻을 수 있을 터였다.

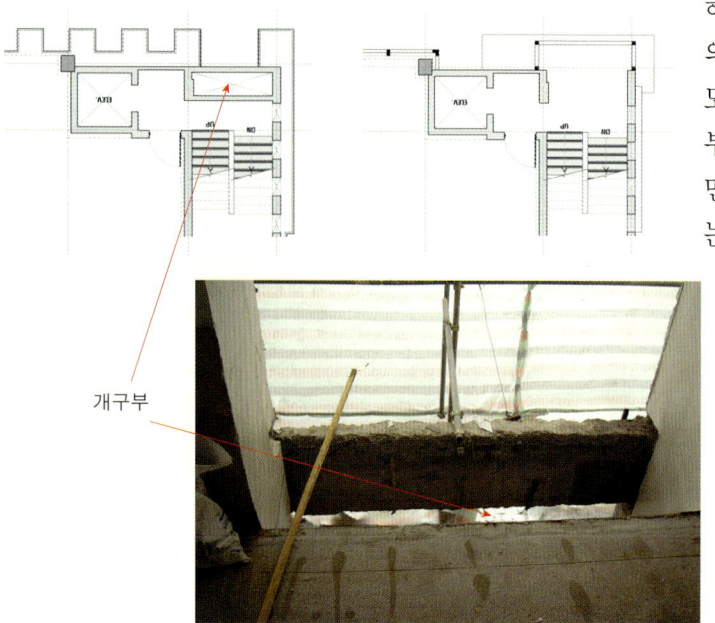

원 건물의 2층 계단실 부분 평면도(좌)
최종 건물의 2층 계단실 부분 평면도(우)

개구부

개구부를 막았던 난간

복잡한 5층 계단실 동선의 정리

5층으로 올라가는 계단과 옥상으로 올라가는 계단이 일반적이지 않았는데, 그 이유는 첫째로는 5층의 면적이 좁아지면서 5층으로 올라가는 계단이 돌음계단으로 되지 못하고 일자형 계단으로 되었기 때문이고, 둘째로는 다시 옥상으로 올라가는 계단이 5층 계단의 경사와 같아야 되므로 평면적으로 한번 돌아가야 하기 때문이었을 것이다. 또 5층 사무실로 진입할 때, 엘리베이터를 이용하는 경우와 계단을 이용하는 경우의 입구가 달라 그 사이가 통로로 형성되어 비효율적인 공간이 되었다.

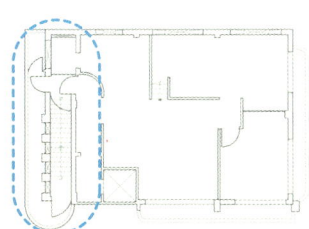
원 건물의 5층 평면도

Ⓐ에서 본 복도

Ⓑ옥상에서 내려다 본 5층 출입문

옥상으로 통하는 통로가 너무 길어 평면 활용에 문제가 있다

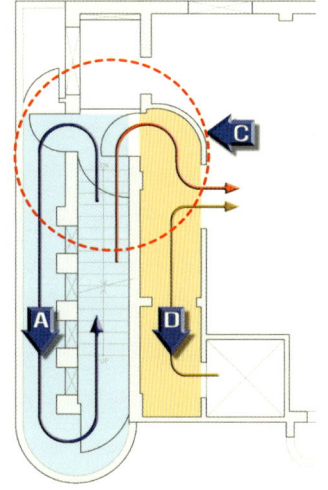
상세도

Ⓒ5층 사무실에서 본 출입구- 철재문 3개가 모여있다

Ⓓ5층 사무실에서 본 엘리베이터 입구

이를 다시 정리하면,

① 5층 입구의 ▨ 부분이 엘리베이터로 올라오는 사람과 계단으로 올라오는 사람을 모두 수용하기 위해 이 부분이 복도로 되어 평면상 비 합리적이다. 이 부분을 어떻게 처리할 것인가.

② 옥상으로 올라가기 위한 통로인 ▨ 부분은 길고 너무 많은 면적을 차지 하고 있다.

③ ◯ 부분은 5층 사무실 출입구로 방화문이 3개나 모여 있어 복잡하고 통행 시 위험하다.

최소한의 구조변경 39

이 복잡한 부분들을 어떻게 하면 가장 효율적으로 개선할 수 있을까 심사숙고를 할 수 밖에 없었다.

①에 대해서는

엘리베이터와 계단사이의 통로를 사무실 공간으로 편입하기로 했다. 5층 사무실은 2개의 입구 즉, 계단실에서 진입하는 입구와 엘리베이터에서 진입하는 입구가 있는 것이다. 그렇다면 엘리베이터에서 외부인이 올라오는 경우는 어떻게 할 것인가? 그것은 관리적으로 처리하기로 했다. 즉, 직원들은 5층까지 이용하고 외부인은 1층 경비실에서 4층으로 올라가도록 안내를 받는 방법이다. 또 점심시간에는 엘리베이터를 5층으로 올라오지 않도록 조정하고 야간에는 사용하지 않는 방법을 선택했다. 조금 불편하기는 하지만 공간의 활용을 위해 어쩔 수 없는 선택이었다.

②에 대해서는

옥상으로 올라가는 통로부분은 통행이 빈번하지 않으므로 그 통로의 길이를 최소화 하고자 했다. 또 앞에서 이야기 했듯이 계단참 부분이 외부로 돌출되면서 넓어 졌기 때문에 통로를 조금만 짧게 하면 계단참 부분에 그림의 A부분과 같은 좋은 공간이 나올 수 있었다. 계단실 중간의 일부 벽을 털어내고 그 위치에 2단의 돌음계

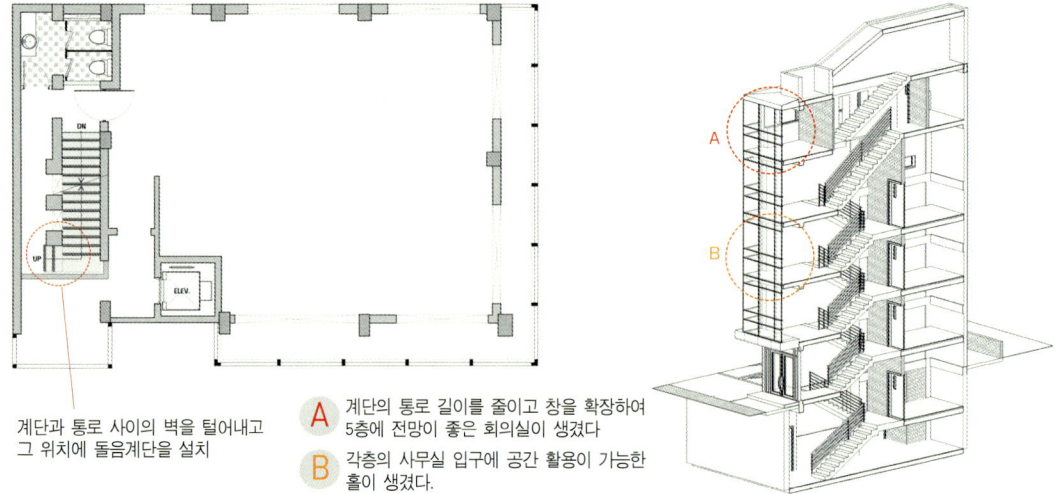

5층 입구의 평면을 단순화 하고 옥상으로 가는 통로를 단축하여 휴게공간의 확보와 5층 사무실 평면이 효율적으로 되었다

계단과 통로 사이의 벽을 털어내고 그 위치에 돌음계단을 설치

Ⓐ 계단의 통로 길이를 줄이고 창을 확장하여 5층에 전망이 좋은 회의실이 생겼다.

Ⓑ 각층의 사무실 입구에 공간 활용이 가능한 홀이 생겼다.

단을 두어 옥상으로 돌아 올라갈 수 있게 하고 복도를 막는 조적벽을 새로 쌓아서 공간을 확보했다. 이 공간은 2-4층 까지는 계단참이면서 각 층에 휴식공간으로 활용될 수 있는 공간이 되겠지만 5층에는 계단참이 아닌 회의실 공간이 될 수 있었다.

③에 대해서는

5층 출입구 문을 제외하고 통행에 지장을 주었던 나머지 두개의 문은 철거하였다.

가정집으로 사용하였던 5층 내부의 처리

5층의 내부는 가정집 용도였다가 사무실 용도로 되면서 많은 부분이 변경되었다.

① 바닥 온돌 제거

사무실의 난방시스템이 온돌 방식(Panel Heating System)이면 가장 쾌적한 근무조건이 된다. 바닥으로부터 열이 위로 올라가 자연스럽게 대류가 되기 때문이다. 이런 이유로 온돌을 그냥 사용하는 것으로 계획을 세웠었는데, 건물의 인수인계 과정에서 겨울철 동파가 일어나 기존의 배관을 모두 수리해야 하는 문제가 생겼다. 건물을 인계하는 기간 동안에 배관의 물을 빼놓기만 했다면 동파를 막을 수 있었을 텐데, 배관 동파의 책임 문제로 잘잘못을 서로 전가하는 안좋은 일도 있었다. 한번 동파를 입으면 당장은 누수가 없더라도 나중에 어딘가 약해진 부분에서 또 누수가 될지 모르기 때문에 불안을 안고 가야 한다. 또 계단실보다 온돌의 두께만큼 바닥의 단차이가 있어 이를 처리하는 것도 어려운 일이었다. 어차피 다른 층에도 온돌난방을 하지 않을 것이라면 다른 층과 같은 기계적 난방 시스템으로 가는 것도 나쁘지 않다고 생각하여 온돌바닥을 철거하기로 하였다.

5층 내부 전경

② 5층 화장실

원래는 5층이 가정집으로 사용했기 때문에 화장실을 실내에서 진입할 수 있었는데, 5층이 사무실이 되면서 화장실의 출입구를 외곽 복도에서 출입할 수 있도록 하였다. 4층에서 5층

5층 실내에서 출입하였던 화장실

5층 베란다는 이중창을 그대로 두어 내외부의 전이공간으로 두었다

까지 일자형 계단이기 때문에 4층과 5층 사이에는 화장실이 없어 5층에 화장실이 꼭 필요했다.

③ 베란다

남측과 서측의 베란다는 화분을 키울 수 있는 실내정원, 서가 또는 창고 등으로 일부 사용할 수 있도록 하였다. 베란다와 5층 사무실 사이의 창을 터서 5층 사무실 공간을 넓게 사용하는 것도 생각해 보았지만, 베란다를 터서 사무실 공간으로 사용하는 것은 법적으로 허용되지 않았다. 또 5층의 베란다 창이 모두 미서기창으로 되어 있었기 때문에 기계식 냉난방만으로 쾌적한 사무실 환경을 확보하기에는 무리가 있었다. 그래서 베란다의 원래 목적인 전이공간으로 두되, 베란다와 5층 사무실 공간 사이의 미서기창은 철거하지 않고 그대로 활용하였다.

④ 실내 계단

5층 내부에서 옥탑방으로 올라가는 목재 계단이 있었다. 내부에

5층 실내에서 옥탑층으로 올라가는 실내 계단

계단이 있으므로 해서 옥탑방의 공간을 사무실 공간의 일부로 사용할 수 있겠으나, 계단이 차지하는 면적도 적지 않아서 비효율적이라고 판단하여 실내계단은 철거하였다.

지하층의 활용에 필요한 진입 통로

지하층에 옷감 선반과 작업도구가 아직도 있는 것으로 보아서는

지하층으로 내려가는 별도 계단 입구- 이렇게 허름해서는 지하층이 임대가 될 수 없다

지하층을 창고와 작업장으로만 사용했던 것 같았다. 그러나 창고나 작업장으로만 쓰기에는 아까운 위치와 면적이었다. 당연히 임대공간으로 활용해야 하는데 임대를 하기 위해서는 지하

로 진입하는 통로가 허접해서는 안된다. 근래에는 지하 1층 정도이면 공간을 열어두어 전혀 지하 같은 느낌이 들지 않도록 하는 설계 기법이 많이 사용되고 있지 않은가. 이 건물에서 지하로 진입하는 통로는 두 방향이 있다. 주 계단실로 진입하는 방법과 그 반대편의 별도 계단실로 진입하는 방법. 그런데 별도 계단실이 더 유용해야만 한다. 왜냐하면 지하층만 사용하는 독립된 통로가 될 수 있기 때문이다. 그런데 기존의 지하 진입 구조가 너무 허름하였다. 또 계단의 내려가는 방향도 오른쪽에서 왼쪽으로 형성되어 있어 계단이 끝났을 때 출입구와 너무 인접하게 된다. 그러면 계단에서 내려오는 사람과 문에서 나오는 사람이 충돌할 수 있는 불편이 있다. 이 부분을 주 통로의 역할을 할 수 있도록 보완하고 발랄하게 꾸미는 것이 중요한 임대의 관건이라고 판단하여 다음과 같은 몇 가지를 개선하였다.

지하 출입구를 자연스럽게 처리한 건물의 모습

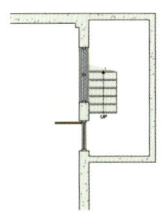

지하층 별도 계단실 평면도- 지하층 입구의 문과 계단에서 내려오는 방향이 붙어 있어 동선이 부딪힘

① 계단실 입구 디자인과 경량 계단

입구를 잘 꾸미는 것이 지하층의 가치를 높이는 제1순위였다. 지하에 그럴듯한 무엇이 있다는 느낌을 주기 위해 입구가 번듯하여야 한다. 그러려면 이 출입구 부분도 커튼월과 유리로 밝게 처리하고 입구의 문도 강화유리문으로 하고 바닥도 석재를 사용하면 좋을것 같았다. 이 부분은 좁은 면적이기 때문에 아무리 좋은 것을 사용하여도 많은 비용이 들지 않는다.

계단의 돌음 방향이 계단에서 내려가자마자 문과 맞닿는 방향이

원 건물의 계단실 입체도(좌)
철근콘크리트계단을 경량계단으로 하고, 지하층 계단실을 모두 커튼월로 하며, 출입문을 강화유리도어로 계획함(우)

어서 돌음 방향을 바꾸어줄 필요가 있었다. 계단의 돌음 방향도 바꾸어주고 지하 출입구의 개방적인 공간을 확보하기 위하여 기존의 콘크리트 계단을 철거한 후 경량계단으로 다시 설치하기로 했다.

② 지하층 출입문

외부 계단실에서 지하층으로 연결되는 입구에는 철재 출입문을 철거하고 문을 좀더 크게 하기 위하여 일부 벽체도 철거하도록 하였다. 그 위치에 강화유리도어와 채광창을 설치하여 상부의 빛이 하부에까지 자연스럽게 유입되도록 하였다.

③ 천정마감

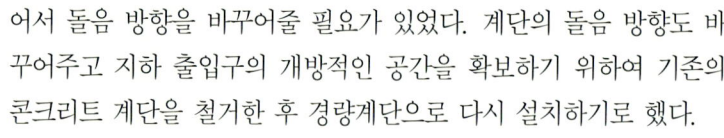
지하층의 출입문이 철재문으로 답답함

창고나 작업실로 사용한다면 콘크리트 면을 그대로 노출시켜도 좋겠지만 임대공간으로 사용한다면 천정을 해야만 했다. 그러나 지하실의 층고가 5m로 높은 것은 어떤 업체가 입주하느냐에 따라 장점이 될 수 있기 때문에 천정을 설치하지 않고 천정의 높이를 그대로 유지할 수 있는 하이단열몰탈로 마감하기로 하였다.

지하층 천정을 하이단열몰탈로 처리하여 높은 천정고를 유지하려했다

④ 화장실 및 경비실

원 건물에는 지하층에서 1층으로 연결되는 계단참에 경비실이 있었다. 경비가 숙식을 해결할 수 있는 공간으로 계획되었을 것이다. 그러나 지하층이 임대사무실로 되는 순간 지하층을 위한 화장실이 필요하게 된다. 만약에 지하층이 음식점이나 주류를 판매하는 시설일 경우 별도의 화장실이 없으면 2,3층의 화장실을 사용하게 되는데, 그럴 경우 지상층의 사무실 분위기도 망치게 된다. 그래서

경비실 자리에 남녀 화장실을 신설하게 되었다.

이 신설 화장실로 인해서 연계되는 두 가지 공사가 생겼다. 하나는 하부의 오수 배관이 내려오는 부분이다. 기존의 슬래브에 오배수를 위한 구멍이 많이 생겼으니 구조성능이 저하 되었을 것이다. 또 오배수관이 하부에 어지럽게 보이기 때문에 이 부분을 오픈된 공간으로 사용할 수 없게 되었다. 그래서 화장실 슬래브 구조 보완을 위해, 또 설비 배관의 시선 차단을 위해 그 하부에 조적벽체를 쌓고 그 공간은 창고로 사용할 수 있도록 하였다.

기존의 경비실이 지하층을 위한 화장실로 변경되면서 어디엔가 경비실을 추가로 신설하여야 했다. 위에서 설명하였듯이 주출입구 슬래브를 키워서 그 하부에 공간이 생겼다. 건물보다 약간 돌출되어 있어 경비실의 역할에 도움이 되는 위치였다. 물론 숙식은 어렵겠지만 주간 근무시간내의 경비실로는 적당하였다.

당초 숙직실이었던 지하층 계단참(좌)
숙직실을 남녀 화장실로 변경함(우)

화장실하부에 배관이 많이 내려와 슬래브가 손상을 많이 입게 됨(위)
배도도 가리고 구조 보완용으로 슬래브 하부에 조적벽을 쌓아 창고로 사용함(아래)

경비실을 건물에서 돌출시켜 신설함

쾌적한 환경을 위하여

우리나라의 소규모 건물은 법적으로 기술자가 아니어도 지을 수 있기 때문에 단열의 중요성을 간과한 채 지어지는 경우가 많아 우리건물도 단열이 부실하지 않을까 하는 의문이 들었다. 창문도 모두 우리나라 용어로 미서기창이라고 하는 슬라이딩 창문으로 되어 있었다. 열효율이 가장 떨어지는 창호이다. 왜냐하면 하부에서 창이 창틀 위를 미끄러져 이동하여야 하기 때문에 창틀과 창 사이의 틈이 있어야 하고 그 부분은 바람이 침입하는 통로가 되기 때문이다. 또한 문을 닫았을 때도 꽉 밀착하는 장치가 다른 창문에 비해 많이 떨어진다.

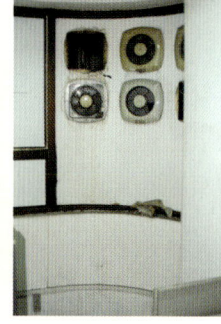

대부분의 창문을 철판으로 막아서 사무실 내부는 매우 어둡고, 환기가 안되기 때문에 창문에 별도의 배기휀을 많이 설치하였다

채광에 있어서도 1차 리모델링 시 햇빛이 되도록 덜 들어오게 설계 되어있어 일반 사무실 용도로 사용하기에는 채광이 많이 부족한 상태였다.

뿐만아니라 창문이 적으니 환기가 문제가 되어 여기저기 강제 배기휀이 많이 설치 되어 있었다.

쾌적하기 위한 제일 조건은 단열

건물의 품격을 결정하는 것은 여러가지 요소가 있을 것이다. 우선 디자인이 좋아야 하고, 누수와 같은 하자가 없어야 하며, 사람의 동선이 좋아야 하는 등 여러가지 요소가 있겠지만 입주 후 쾌적함에 가장 큰 영향을 미치는 요소는 단열이라고 생각한다. 물론 에너지 절약(Energy Saving)을 위해 정부 차원에서 그 기준을 엄격히 정하고 있지만 실제로 공사할 때는 단열 부분이 소홀히 되는 경우가 많은 것 같다. 본 건물만 해도 벽체의 단열이 잘 되어 있지 않았다. 건물이 아무리 아름다워도 안락하지 못하면 건물이 아니라 불편한 조각품이 되고 만다. 우리 건물에는 최대한의 쾌적한 건물을 위하여 건물수준에 적합하고 우리의 기술로 이룰 수 있는 모든 것을 적용한다는 방향을 잡았다.

단열벽의 추가

일반적으로 방수하자는 심각하게 생각하여 보수로 이어지지만 단열의 경우는 하자인지 아닌지 판단하기 어렵기 때문에 시공에 임하는 작업자도 신경을 많이 쓰지 않는 부분이다. 그러나 단열의 충실도에 따라 한 여름철과 한 겨울철에 건물의 안락한 정도가 현저하게 차이나게 된다.

건물에 대한 조사 과정 중 발견한 큰 문제 중의 하나는 외기와 면하는 조적 벽체의 두께가 200mm이었다. 이는 명백하게 단열이 없는 벽체였다. 일부 벽체를 망치로 깨보니 단열재가 보이지 않았다. 어떻게 이런 건물에서 근무를 했을까 의문스러웠다. 우리건물에는 외부와 면하는 모든 벽에 내부에서 추가적인 단열벽 처리를 하였다. 기존의 조적벽체 위에 단열재와 석고보드를 설치하므로서 기존의 벽체가 단열이 되어있든 없든 상관없이 단열이 확보되도록 하였다.

시멘트 벽돌(표준형)규격

시멘트벽돌
단열재
석고보드

단열이 부족한 외벽면의 내부에는 단열재와 석고보드로 마감하여 법적 기준 이상의 단열이 확보되도록 하였다

건물의 성능을 결정하는 창호의 선택

창호의 크기와 창호 시스템의 선택은 우선적으로 열효율을 고려하여 선택하였다. 원 건물은 남측과 서측에 옆으로 긴 창문으로 큰 면적을 차지하고 있었다. 이는 채광과 경관에는 좋을지 모르나 열효율에는 좋을 리가 없다. 유리창의 단열성능은 단열재인 스치로

폴 10mm정도의 효과에 불과하다. 벽체에 단열재로 80mm를 사용하는 규정과 비교하면 창은 단열에 취약할 수 밖에 없다. 그렇다면 채광과 단열을 같이 고려한 가장 적절한 창문의 크기는 어느 정도일까? 우리건물과 같이 개별난방을 하는 소규모 건물에서는 전체 외부벽면의 20% 정도의 면적이 적당하리라는 생각이 들었다. 그래서 3,4층의 경우 남측은 크기 2.4m×1.4m 창문을 2개소, 서측은 1.4m×1.4m 창문 3개소로 디자인 하였고, 이 정도이면 적절한 규모라고 생각했다.

크기 뿐만 아니라 창문의 시스템을 잘 선택하는 것도 중요하다. 우선 내부와 외부가 직접 면하는 곳의 창틀은 모두 단열바를 사용하였다. 아존(A-Zone) 타입의 단열바로 창틀로부터 생기는 열효율 저하를 막기 위해서이다. 단열바는 이 정도의 소규모 건물에서는 사용하지 않는 것이 일반적이고, 주로 초고층 건물이나 대형 건물에서 사용하고 있는 방식이다. 하지만, 열효율이 좋은 것은 작은 건물이나 큰 건물이나 동일하게 작용하는 것이 아니겠는가.

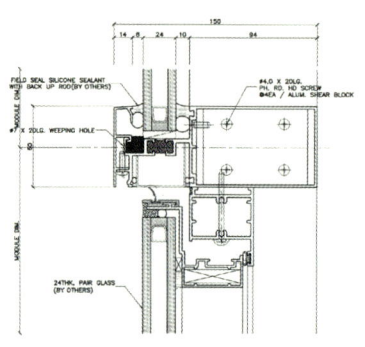

단열바는 창틀사이에 단열재가 설치되어 있어 내외부의 열전도를 막는 역할을 한다
www.azonkorea.com

위에서도 잠깐 언급하였지만 슬라이딩(Sliding) 타입은 견고하게(tightening) 바람을 차단할 수 없기 때문에 열효율이 안 좋은 타입이다. 그래서 요사이에는 바람을 견고하게 차단할 수 있는 프로젝트(Project) 타입을 많이 사용하는 추세이다. 그러나 이 프로젝트 타입은 창의 큰 역할 중의 하나인 환기에 비효율적인 타입이란 것을 많은 기술자들이 인식하지 못하고 있다. 프로젝트 타입은

풀다운(Pull down) 타입과 함께 옆으로 긴 형상이기 때문에 아래 부분에서는 신선한 찬바람이 실내로 들어 오고 윗 부분에서는 실내의 탁하고 더운 바람이 밖으로 나가는 자연스런 환기 역할에 부족한 형상이다. 그래서 위아래로 긴 형상이 되고 또 견고하게 바람을 차단할 수 있는 케이스먼트(Casement) 타입이 사무실의 창 타입으로는 가장 적절한 타입이다. 그래서 우리건물의 사무실 부분에는 고정창이 아닌 여닫는 창 - 보통 벤트(Vent)라고 일컫는다 - 에는 모두 케이스먼트 타입을 적용하였다. 물론 계단실의 벤트와 5층의 발코니 벤트 등은 직접 사무실과 면하지 않기 때문에 프로젝트 타입과 슬라이딩 타입을 사용하였다. 철거하지 않은 동측 벽체의 기존 창은 모두 슬라이딩 타입이었는데, 그 내부에 이중으로 합성수지 창을 추가 설치하였다

각 용도 및 위치별 vent 설계

벤트의 종류

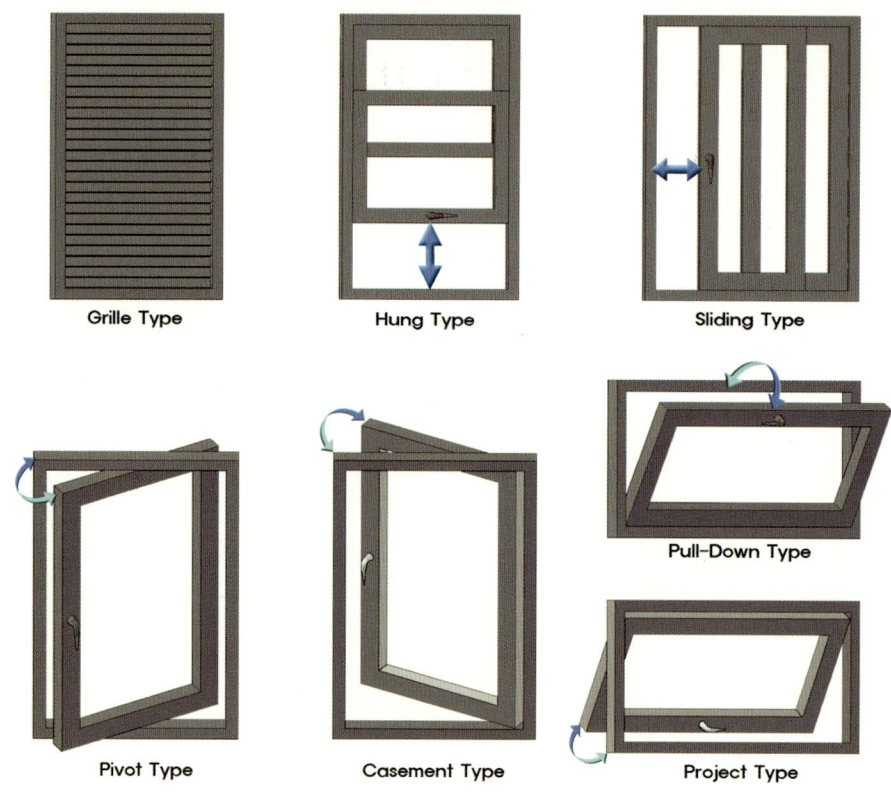

단열간봉은 복층유리 테두리의 간봉에
열을 차단하는 재료를 삽입한 것으로 단
열성을 높여준다
www.azonkorea.com

유리의 선택

건물의 모든 창문 유리는 24mm 복층유리(내부 일반판유리 6t+공간 12t+외부 반강화 유리 6t)를 사용하고, 사무실 부분의 복층유리는 아존 타입 단열간봉을 사용하기로 하였다. 복층유리는 유리와 유리 사이의 단열 공간을 위하여 유리의 테두리에 알루미늄 간봉으로 간격을 유지하여 제작하는데, 이 간봉의 열전도율이 높아 유리면 가장자리에 결로 현상이 생길 수 있다. 그만큼 단열이 취약한 부위라 할 수 있다. 열을 차단하는 재료로 만들어진 간봉을 사용하면 복층유리의 단열성능은 더욱 높아진다.

복층유리가 단창에 비하여 단열성은 2배 정도 좋으며, 단열간봉을 사용한 경우 일반간봉에 비하여 15~20% 단열성이 더 좋아진다
www.lssystem.co.kr

(단위 : w/m²k(kcal/m²h°C))

유리종류	창틀 및 문틀의 종류별 열관류율							
	금속재				목 재		플라스틱	
	열교차단재 미적용		열교차단재 적용		열교차단재 미적용		열교차단재 적용	
유리의 공기층 두께(m/m)	6	12	6	12	6	12	6	12
복층유리	4.49 (3.60)	3.80 (3.27)	3.60 (3.10)	3.30 (2.84)	3.30 (2.84)	3.00 (2.58)	3.30 (2.84)	3.00 (2.58)
복층유리 (low-E)	3.70 (3.18)	3.20 (2.75)	3.10 (2.67)	2.60 (2.24)	2.90 (2.49)	2.40 (2.06)	2.90 (2.49)	2.40 (2.06)
복층유리 (아르곤가스 주입)	4.00 (3.44)	3.70 (3.18)	3.37 (2.90)	3.20 (2.75)	3.10 (2.67)	2.90 (2.49)	3.10 (2.67)	2.90 (2.49)
복층유리 (low-E, 아르곤가스 주입)	3.37 (2.90)	2.90 (2.49)	2.80 (2.41)	2.40 (2.06)	2.60 (2.24)	2.20 (1.89)	2.60 (2.24)	2.20 (1.89)
단창	6.60(5.68)		6.10(5.28)		5.30(4.56)		5.30(4.56)	

※ 주)열교차단재 : 열교차단재라 함은 창호의 금속프레임 외부 및 내부사이에 설치되는 폴리염화비닐 등 단열성을 가진 재료로서 외부로의 열흐름을 차단할 수 있는 재료를 말한다.

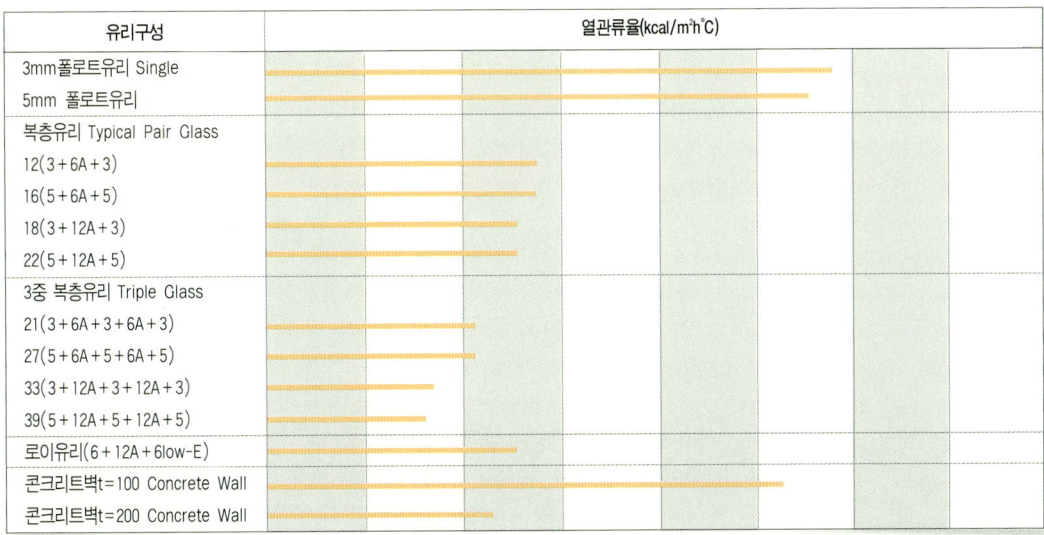

쾌적한 환경을 위하여

쾌적한 냉난방 시스템

안락하기 위해 또 한가지 중요한 것이 냉난방 시스템이다. 우리나라에서 가장 쾌적한 냉난방 시스템은 무엇일까? 온돌과 같은 패널시스템으로 난방을 하고 천정에 냉방시스템을 해주면 완벽한 시스템이 될 것이다. 따뜻한 바람은 아래서 위로, 찬바람은 위에서 아래로 내려올 것이기 때문이다. 하지만 온돌은 몇가지 제약조건이 있다. 우선 바닥이 10cm 정도 두꺼워져 모든 바닥이 이를 기준으로 형성되어야 한다. 또 적정온도까지 이르는데 꽤 많은 시간이 소요된다. 겨울철에 퇴근 했다가 아침에 출근해서 근무를 하려면 한참 동안은 추위에 떨어야 할 지 모른다. 그것보다 더 큰 결점 요인은 비용이 많이 든다는 것이다. 배관과 보일러와 건축 마감 등 큰 금액이 소요된다.

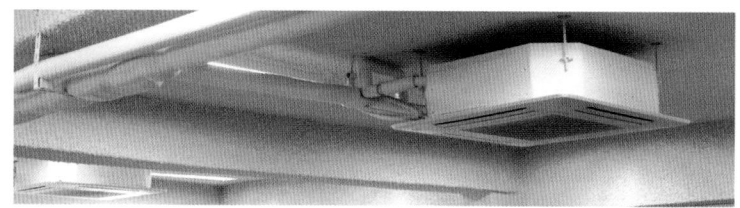

천정형 냉난방 시스템은 설치비용은 비싸지만, 효율은 매우 좋다

온돌이 아니라면 대부분의 난방 시스템은 대류에 의해 실내를 덥혀주는 방식이다. 우리 건물에는 냉난방을 해결하는 천정 냉난방 시스템으로 결정하여 설치를 하였다. 물론 난방에는 좋은 방법은 아니라고 생각하였지만 어차피 온돌시스템으로 하지 않을 바에야 어떤 시스템도 마찬가지 일 것이다. 실제 사용한 결과 냉방은 만족스럽지만 난방의 경우는 천정에서 뿌려주는 따뜻한 바람이 바닥까지 내려오지 못해 발목이 추운 것은 어쩔 도리가 없었다. 그래도 가스를 사용한다든지 직접 복사열을 사용한다든지 하는 불쾌한 냉난방으로부터는 해방이 되었고, 관리도 아주 간편한 원터치 방식이어서 사무실 냉난방 시스템으로 적절하다고 생각된다. 단지 천정을 노출하다 보니 그 배관이 험악한 것이 아쉬운 부분이었다. 조금만 더 생각해서 보의 중앙부에 구멍을 뚫어(Coring) 보하부가

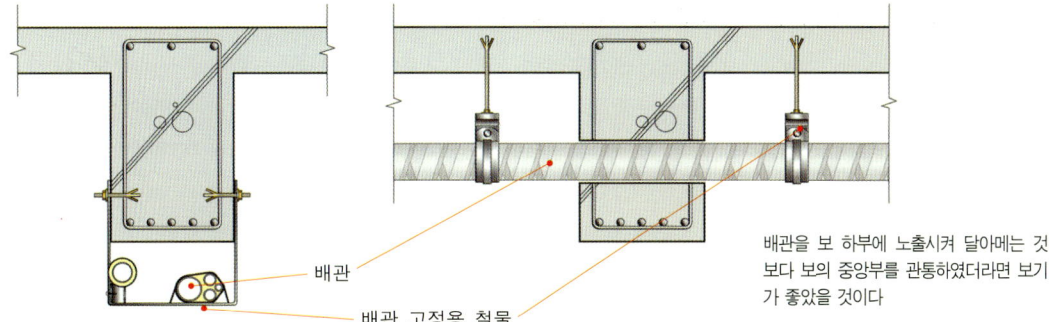

배관을 보 하부에 노출시켜 달아메는 것
보다 보의 중앙부를 관통하였더라면 보기
가 좋았을 것이다

배관

배관 고정용 철물

아닌 슬래브하부에 배관을 하였으면 보기 좋았을 것이다.

낮은 천정고의 보완

천정마감을 없애고 구조체를 그대로 노출하여 낮은 천정고를 보완하였다. 처음 사무실에 들어섰을 때 전에 있던 사무실과의 큰 차이점은 천정고였다. 전에 있던 향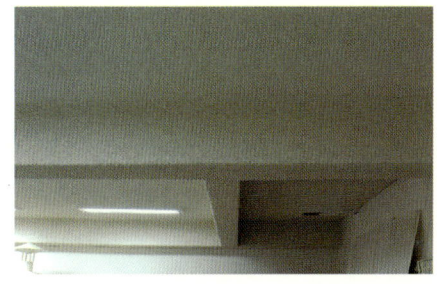

층고가 낮아 답답하게 느껴지는 사무실의 공간을 해결하기 위한 방법으로 천정을 없애고 슬래브에 뿜칠을 하였다

군회관의 사무실은 천정이 높아(3.0m정도) 시원한 느낌을 주었는데, 우리 건물은 아담한 느낌은 있었지만 답답하게 느껴졌다. 천정을 하고 나면 그 높이가 2.4m밖에는 되지 않기 때문이다. 이를 해결하는 방법은 천정을 없애는 방법이다. 그리고 그 처리를 적정하게 할 수만 있으면 된다. 조그만 건물의 천정에는 많은 배관 배선이 없다. 따라서 모양이 좋은 마감재만 있다면 천정이 없어도 좋다. 그래서 찾은 것이 하이몰탈이다. 단열과 흡음 성능 뿐만 아니라 콘크리트의 거친 면을 커버하는 마감일 수 있다. 일단 천정이 높아 보이고 문제가 되었던 전기 배선도 모두 커버 할 수 있으며, 모양도 말끔하다. 물론 전등을 선택할 때 가장 슬림한 기종을 추천받아 사용한 것도 이를 성공적으로 할 수 있었던 요인이었다.

실내의 조명선택

실내의 적정한 조명을 선택하는 것도 어려운 문제였다. 우리사무실은 도면을 많이 보아야 하는 특성 때문에 필요한 조도보다 낮으면 심각한 문제를 초래할 수 있다. 직원들의 눈의 피로, 생산성 저하, 쾌적하지 못한 느낌 등 여러 가지로 바람직하지 않다. 전기 전문가와 적정한 조도를 상의한 결과, 이 정도 높이면 40W(와트) 2개를 1조로 할 때 $10m^2$를 커버할 수 있으므로 슬래브의 한 모듈이 6m×6m이므로 span당 4조를 달면 적정하리라는 판단을 했다.

5층 신설 천정에는 이를 기준으로 전등을 배치하고, 보수하지 않고 그대로 사용하는 4층 천정에는 부족한 조도만큼 전등을 추가로 배치하기로 하였다. 그런데 4층 천정은 대부분 매입형 할로겐등이 달려 있어서 그 사이에 할로겐등을 추가로 설치하기에는 보기에도 어수선하고 효과도 적어서 자리배치에 따라 노출형 형광등을 설치하기로 하였다.

사무실의 조도를 확보하기 위하여 6m×6m인 슬래브 모듈에 38W×2개 타입의 삼파장 형광등을 4조 설치하였다

조도가 모자라는 4층 사무실 천정에는 원래 할로겐등 사이에 노출형 형광등을 추가로 설치한다

건설기술과 리모델링

건설기술 56

철거공사와 비계공사 59

구조변경공사 71

외장공사 80

커튼월 및 유리공사 94

내장공사 109

전기설비공사 125

외부공사 138

건설기술

건설기술을 한 문장으로 요약한다면 '①공법의 종류, ②공법의 시공순서, ③공법에 소요되는 비용에 대한 충분한 정보를 바탕으로 그 공법을 적절히 선택하여 적용하는 것'이라고 생각한다. 건축공사의 지식이 없는 일반인들은 어떤 공법을 선택하여 사용할지 공사순서는 어떻게 조정할지, 또 그 비용은 어떻게 책정하는지 등을 알 수 없기 때문에 건설 전문가에게 공사를 맡기게 된다. 특히 리모델링 공사는 순간순간 변하는 상황 때문에 훈련이 잘 된 기술자가 아니면 감당하기 힘든 공사이다. 공사의 규모가 크다면 대기업 건설회사에 맡길 수 있지만 소규모 공사는 규모에 맞는 작은 건설회사가 하는 것이 정상일 것이다. 하지만 리모델링 공사의 경우 소규모 건설회사가 잘할 수 있는가는 좀 더 검토해 보아야한다. 그 공사에 투입되는 직원의 자실이 중요하기 때문이다. 우리나라에는 대기업에 오랫동안 몸담고 있다가 퇴직한 경험 많은 건설기술자 인력이 매우 풍부한 편이다. 대기업 출신이고 이름난 큰 건물 소장 경험도 있다면 일단 기술자적인 기본 자질은 되어 있다고 볼 수 있다. 리모델링 공사는 일반적인 신축공사와 같이 조직적인 인력으로 추진된다기 보다는 대부분의 시간을 공사에 올인할 수 있는 경력이 많은 기술자의 판단에 의해 추진되는 것이 바람직하다고 생각한다.

우리건물의 경우 리모델링 공사에 경험이 많은 건설기술자가 공사를 전담하되 우리회사의 엔지니어링기술과 건설기술을 필요한 순간마다 적용하는 방안을 생각했었다. 하지만, 이 방법은 공사를 맡은 측과 우리 측간에 의사결정의 주체가 불분명하고 공사 진행 과정에서 의견 대립이 있을 경우 양측의 부담이 너무 컸다. 결국 리모델링 공사를 자체적으로 진행하기로 결정하였다. 회사의 업무를 진행하면서 리모델링 공사에 많은 시간을 할애한다는 것이 쉽지는 않았지만, 공사 진행 중 신속한 결정이 가능하고 그 동안 인연을 놓지 않았던 각 전문공종 업체들로부터 도움을 받을 수 있다는 우리만의 장점을 최대한 살릴 수 있다고 판단하였다.

우리 기술에 대한 자심감과 전문공종 업체의 도움이 있다고 하더라도 리모델링 공사에 대한 정보가 많지 않았기 때문에 공사계획을 수립하는 것과 예산을 정하는 것 등에서 어려움이 많았다. 그래도 모든 것을 합리적으로 무리하지 않고 진행하고자 애를 많이 썼다. 무리하지 않았다는 의미는 작업비용에 있어서 작업을 하는 측이 손해보지 않았을 정도로 싸지 않았고 우리측이 당했다고 생각할 만큼 비싸지도 않았을 것이라는 의미이다.

전체적으로는 공사기간이 총 3개월이 소요되었고, 연면적 300평에 직접공사비 3.8억이 소요되어 평당 125만원이 투입되었다. 일반적으로 골조만 남기고 모두 리모델링하는 비용이 신축비용에 70% 정도라고 한다. 이 정도 건물의 신축 비용을 평당 250만원 정도로 예상할 때, 그 신축 비용에 비해 50% 정도이니 조금 적게 소요되었다고 볼 수 있다. 공사비를 간단히 분석해 보면, 주요 상승요인으로는 적은 건물규모에 비해 커튼월공사와 냉난방공사의 시설비용이 비교적 많았던 점을 들 수 있고, 공사비 절약 요인으로는 일부 조적벽체와 층 마감재를 그대로 사용하였던 것, 자체적으로 공사를 시행하게 되어 공사관리비가 산정되지 않은 것 등을 들 수 있다.

여기에서는 각 공종별로 시공순서와 공사비용을 상세히 공개하고자 한다. 내가 갖고 있는 자료가 비록 적고 부족할지 모르나 앞으로 몇 번만 더 공개되는 자료가 생긴다면 큰 힘이 될 것으로 생각한다. 이는 건설기술자들 뿐만 아니라 리모델링을 하고자 하는 일반인들에게도 필요한 정보가 될 것이고 어떤 범위 내에서는 좋은 길잡이가 될 것으로 기대한다.

전체 공정표

공 종	2월						3월								4월							5월
	6	9	13	16	20	23	27	2	6	9	13	16	20	23	27	30	3	6	10	13	17	20	24	27	3

계획 / **실적**

- **철거공사**: 내·외부철거/비계설치, 내·외부철거/비계설치, 화장실철거, 비계해체
- **골조공사**: 슬래브 복구 및 확장, 슬래브복구 및 확장
- **방수공사**: 화장실방수, 외부방수, 화장실방수, 외부방수
- **조적공사**: 조적, 내·외부 조적
- **미장공사**: 미장, 바닥미장, 벽미장
- **철물공사**: 창틀 설치, 내부 철물(핸드레일, 출입문, 철제계단, 슬래브 보강) 설치
- **단열 및 칸막이공사**: 벽단열 및 칸막이, 벽단열 및 칸막이, 화장실 칸막이
- **천정공사**: 천정뿜칠, 천정설치, 천정뿜칠, 천정설치
- **타일공사**: 화장실타일, 화장실타일
- **도장공사**: 외부도장, 내부도장, 외부도장, 내부도장, 외부도장(후면)
- **AL창호공사**: 실측 및 도면작성, 공장 제작, 설치, 실측 및 도면작성, 공장 제작, 설치
- **유리공사**: 제작, 설치, 제작, 설치, 제작, 설치, 제작, 설치
- **외벽공사**: 알루미늄 스트립/옥상캐노피, 옥상 캐노피 frame, 옥상 캐노피 설치, 외부 AL. Bar 설치, 정면인방, 주차장 인방
- **바닥공사**: 외부바닥공사, 경계석/석재, 칼라무늬콘크리트
- **설비공사**: 기존설비철거, 위생, 급수, 가스배관 및 냉난방설비
- **전기공사**: 전기철거, 배선 및 전등설치

58 건설기술과 리모델링

철거공사와 비계공사

철거공사 준비

　리모델링공사에서 철거공사는 비교적 크고 중요한 공종이다. 금액적으로도 전체 공사비의 약 10% 넘게 투입되었고, 가장 부담스럽다고 할 수 있는 안전사고의 위험도 높다. 뿐만 아니라 처음 정한 철거 범위보다 항상 더 많은 부분이 철거되는 특성 때문에 당초 예상 금액을 초과하는 불확실성이 높은 공사이기도 하다. 때문에 작업에 착수하기 전에 상세한 계획을 세워서 불확실한 부분을 최소화 할 필요가 있다. 그래서 우선 진행순서를 정리하였다.

　① 리모델링 설계 완료

　리모델링 설계가 완료되어야 전체적인 철거의 범위 및 틀이 결정된다. 철거에 착수할 당시에는 이미 설계가 완료되어 있었다.

　② 기존건물의 도면 확보 또는 실측에 의한 도면 작성

　실측에 의한 도면이 완성되어 있었고 그 도면에 철거부위를 표기하도록 한다.

부분적으로 철거를 하려면 도면에 상세한 위치와 범위, 설명을 표기하여야 한다

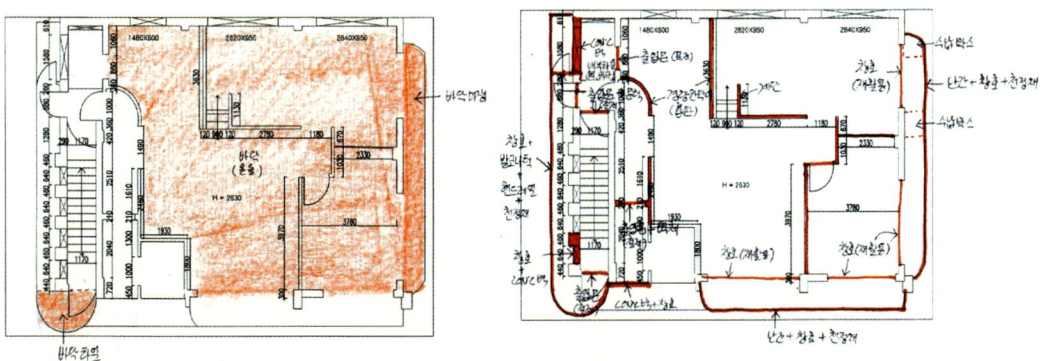

③ 바닥과 천정의 철거 범위 확정

철거하지 않는 부분은 사용한다는 의미이므로 냉정하게 판단한다.

구 분	B1층	1층	2층	3층	4층	5층
바 닥	비닐타일 철거	마루 철거	마루 존치	비닐장판 철거	비닐타일존치	온돌 철거
천 정	골조위페인트	석보보드철거	석보보드철거	석보보드철거	합판 존치	석보보드철거
계단실	마루마감 철거					

④ 철거할 부위 실제 건물에 표기

정확한 철거 범위를 실제의 건물에 표기하여야 한다. 도면에 표기한 것과 실제로 건물에 표기된 것의 감각적인 차이는 매우 크다.

⑤ 철거공사 현장 설명서 작성

정확한 업무 범위를 정할 필요가 있기 때문에 철거공사 시 현장설명서에 상세한 시행조건을 반영한다.

- 철거 범위와 보존 부위 명기
- 폐기물 분리 처리 및 관리 포함
- 철거시 안전관리 및 산재/근재보험 처리 포함
- 민원 방지 및 조치 포함

⑥ 철거공사 발주

철거공사는 아이디어에 의해 공사비가 결정되는 공종이기 때문에 적어도 4~5군데 견적을 받아볼 필요가 있다. 업체마다 공사비의 차이가 대단히 크기 때문이다.

3층 사무실 비닐장판은 너무 낡아서 철거하기로 하였다(위)
철거부위를 실제 건물에 표기한다(아래)

적정한 금액의 업체가 선정되면 그 업체의 철거작업에 대한 아이디어에 대해 협의할 필요가 있다. 또 업체가 결정이 되면 추가작업에 대한 비용을 계약내용에 포함하여 금액을 정하는 것이 좋다. 왜냐하면 한번 일이 시작되고 나면 작업자에게 주도권이 넘어가는 경우가 많아 조금씩 변동이 있는 것에 대해 매번 협의하고 조정하는 것이 쉽지않고 시간적으로나 업체와의 관계 유지 측면에서 감당하기 어렵다.

우리건물의 경우는 4개사로부터 견적을 받은 결과 D[1]사가 최저금액이었다. 일부 감액하여 계약하는 것이 일반적이지만, 향후 발생할 소소한 추가철거 비용을 포함하는 조건으로 5% 금액을 증액하여 3천5백만원에 계약을 하였다.

입찰금액

회 사	입 찰 금 액
S사	61,286,834원
T사	52,845,240원
U사	46,827,410원
D사	33,500,000원

1) 다담이앤씨 02)557-2588

철거 전 행정 처리 준비

철거 전에 법적인 절차는 관공서에 직접 찾아가서 문의하는 것이 좋다. 예전과는 달리 관공서와 많이 접촉하는 것이 실보다 득이 많다는 것을 피부로 느낀다. 법적으로 해야 되는지 안해도 되는지 애매모호한 부분이 많은데, 이에 대한 감각적인 판단은 담당공무원에게 맡기는 것이 합당하다고 생각한다. 예를 들어 소음 및 비산먼지 발생에 대하여 해당 관청에 '소음 및 비산먼지 방지 계획서'를 제출하여야 한다. 그러나 우리건물의 경우 규모가 작고 기간이 짧아 신고 없이 공사를 진행하여도 무방한 공사규모라고 하였다. 어느 규모까지 신고를 해야 하는가의 판단은 이제 의심하지 말고 그들에게 맡겨 볼 때가 되었다.

건축법에 명기된 허가, 신고, 용도변경에 대한 요약으로, 리모델링공사는 규모에 따라 건축법의 적용을 받는다

① 관공서에 허가 또는 신고

리모델링공사의 허가 또는 신고에 대한 법이 아직 제정되지 않은 상태이기 때문에 건축법에 따라야 한다. 우리건물은 늘어난 면적이 85m²이었고 대수선에도 해당하지 않으므로 허가 또는 신고의 대상이 되지 않는다.

② 도로점용 허가

도로를 점용해야 하거나 도로를 굴착할 경우에는 동사무소나 구청 도로과에 도로점용 신고를 해야 한다. 우리건물은

■ 건축법 시행령

제8조 (건축허가)

건축 또는 대수선
(다만, 21층 이상의 건축물 등 대통령령이 정하는 용도 및 규모의 건축물을 특별시 또는 광역시에 건축하고자 하는 경우에는 특별시장 또는 광역시장의 허가를 받아야 한다.)

제9조 (건축신고)

1. 바닥면적의 합계가 85제곱미터이내의 증축·개축 또는 재축
2. 「국토의 계획 및 이용에 관한 법률」에 의한 관리지역·농림지역 또는 자연환경보전지역 안에서 연면적 200제곱미터 미만이고 3층 미만인 건축물의 건축.
 (다만, 제2종지구단위계획구역 안에서의 건축을 제외한다.)
3. 대수선(연면적 200제곱미터 미만이고 3층 미만인 건축물의 대수선에 한한다)
4. 그 밖에 소규모 건축물로서 대통령령이 정하는 건축물의 건축

제14조 (용도변경)

건축물의 시설군 용도를 변경하는 경우

해당사항이 없었다.

③ 기존 사용가스처리

가스를 잠그고, 지역도시가스업체에-어느 지역이나 담당 업체가 있기 때문에 114 전화 문의- 연락하면 가스배관을 폐쇄해 준다.

④ 수도의 처리

계량기를 폐쇄할 필요는 없다. 메인 수도계량기에서 수도밸브를 잠그고, 공사용 수도 배관을 별도로 설치하여 공사용으로 사용한다.

⑤ 전기

공사용 전기는 메인 분전반에서 공급하도록 하고 각 층의 전기는 차단한다.

⑥ 전화

전화시설(광통신시설, 무선전화 중계기)은 해당 전화국(한국통신 - 110으로 하여도 연결이 됨)에 연락하여 철거하도록 한다. 비용은 무료이다.

외부 마감재 철거

외부 마감재인 철판을 철거하는 것이 철거공사 중 가장 큰 부분이었다. 외벽 전체가(뒷면-동측면은 제외) 모두 2.3mm 두께의 철판 위에 도장마감으로 되어 있어 이의 안전한 철거작업은 무척 고민되는 작업이었다. 특히, 바로 앞이 초등학교 건물이었기 때문에 철거 자재가 비산되지 않아야 했다. 그래서 비계를 설치한 후 모두 산

새벽에 차량과 사람의 통행을 차단하고 백호우를 이용하여 짧은 시간에 외벽 철판을 걷어내었다

소절단 작업으로 철판을 조각내어 해체하는 것으로 계획을 세웠다. 그러나 실제로는 철거업체 독단으로 일이 처리되었다. 새벽 5시에 철거를 시작하여 약 1시간 만에 모든 외벽철거 작업을 끝내 버린 것이었다.

내용인 즉슨, 외부 비계를 설치하기 전에 09 백호우(바가지의 용량이 0.9m³ 규모의 Excavator)를 동원하고, 주위의 모든 길에 차량과 사람의 통행을 차단한 후 백호우의 바가지을 이용하여 건물의 외장 철판을 위에서부터 아래로 긁어 내려 걷어 내었다. 철판을 지지하고 있던 철물들은 백호우의 바가지에 비하면 나뭇가지 같아서 저항하지 못하고 그대로 철판이 뜯겨져 내렸다. 새벽에 소음은 심하였겠지만 워낙 짧은 시간의 일이어서 민원이나 위험성의 여지는 별로 없었다.

계획하였던 것과는 다른 방법을 선택했지만 통행이 없는 시간을 이용하여 과감하게 시행한 좋은 판단이었다고 생각하였다.

외벽 철판 철거 전 전경

외벽 철판 철거 후 전경

건물의 외부는 쌍줄비계에 분진망을 설치하여 낙하물, 소음, 분진 발생을 방지하였다

외부 비계 작업

처음 계획과는 달리 외부 철판이 비계설치 전에 순간적으로 제거되었기 때문에 비계를 건물에 바짝 붙여 설치할 수 있게 되었다.

당초 외벽작업이 이루어지는 3면만 쌍줄비계를 설치할 계획이었으나, 비계의 전도방지와 소음 및 외부인의 시야차단을 목적으로 후면에도 외줄비계를 설치하게 되었고 4면에 분진막을 설치하였다.

외부작업을 위해 비계에 작업발판을 설치해야 하는데, 우리 현장에서는 작업발판으로 구멍 뚫린 철판인 P.S.P(Punched steel plate)를 사용하였다. 예전에는 손상되지 않는 장점때문에 많이 사용하였지만, 길이가 길고 무겁고 다루기 힘들어 요사이는 많이 쓰지 않는 자재였다. 현장설명 시 공인된 안전 발판을 사용하도록 명기 하였다면 외부작업을 하는 여러 공종의 작업자들이 좀 더 편리하고 안전하게 사용했을 것이란 생각이 들었다.

외부 비계를 이용하는 작업도 있지만, 비계가 없어야 더 작업하기 좋은 경우도 있다. 예를 들어 엘리베이터실 부분에 경량인방 스트립의 경우는 길이가 2.5m여서 비계작업 보다는 비계가 없는 상태에서 크레인 작업을 하는 것이 안전하기도 하고 공정상 유리하기도 하다. 이런 작업들을 고려하여 비계의 해체는 외장 마감이 끝나는 즉시 시행하기로 하고 잔여 작업은 크레인을 사용하는 것으로 계획을 세웠다.

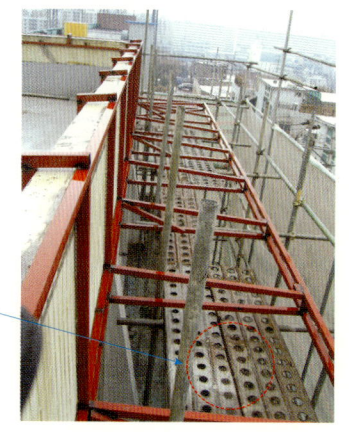
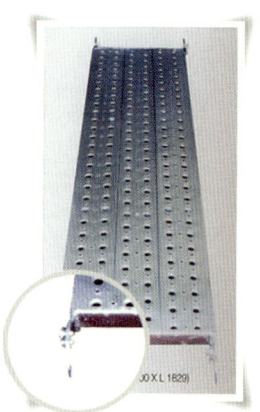

우리건물에 사용된 무거운 P.S.P 발판(좌), 가볍고 사용하기 편한 공인 안전발판(우)

창호 및 철물류 철거

본격적인 철거작업전에 먼저 조치해야 하는 것이 있다. 철거 중 비산문제가 있는 창문의 유리는 먼저 철거한다. 또, 철재류, 알루미늄류도 먼저 철거하여 고철로 판매하는 등 재사용할 수 있도록 한다. 건설 폐기물의 비용을 줄이기 위해서도 재사용이 가능한 부위는 별도로 먼저 철거 하는 것이 일반적이다.

먼저 철거되어 고철로 반출되는 금속류

외부 조적벽체 철거

조적벽체는 가능한 철거하지 않고 사용하고자 했다. 조적벽체는 마감재라기 보다는 건물의 형태를 구성하는 구조물이라고 볼 수 있기 때문이다. 주로 철거의 대상이 되었던 조적부위는 건물 모서리의 원형 부위였다. 2층의 조적조는 1차 리모델링 당시 모두 제거 되었고, 금번 리모델링에서는 노란색 부분의 벽체를 철거하였다. 물론 그 부위는 구조 변경 후 다시 조적을 설치하여 건물의 형태를 구성하는 구조물이 될 부위였다.

건물 모서리의 원형 부위 조적벽체를 모두 철거하였다

5층 통로 부위 철거

옥상으로 올라가는 통로의 동선을 짧게 하기 위해서는 5층의 조적 벽체를 털어내어야 했는데, 이 부분이 가장 어려운 철거 부분이었다. 왜냐하면 그 벽체는 옥상 파라펫까지 연장되는 조적벽체여서 5층 부분의 벽체만 털어내고 옥상부분은 그대로 유지시켜야 했기 때문이었다. 그래서 옥상층 골조에 그 상부의 조적 벽체를 받쳐주는 철물을 설치하고 그 철물이 옥상부 조적을 받쳐주는 방법을 취하였다.

조적 하부에 서포트를 설치한 후 앵글로 보강하는 개념도와 사진

목재와 합판으로 형성된 난간벽

내부 철거

계단실은 난간 부위를 목재와 합판으로 형성된 벽으로 막았는데, 그것이 계단의 바닥과 잘 어울리도록 목재바닥으로 마감되어 있었다. 물론 고급스러운 분위기의 내장이었지만 앞에서 언급했듯이 화재위험과 안전사고 위험이 있었고 계단실을 어둡게 하는 요인이었기 때문에 목재 마감을 모두 철거하였다. 표면을 철거하고나니 내부는 화강석 마감이었으며 그대로 사용할 수 있을 정도로 거의 손상이 없었다

기존 계단은 화강석 마감으로 되어 있었으나, 1차 리모델링 시 합판을 덮어 마감하였다. 이번 리모델링에서는 지저분한 합판을 철거하여 원래의 석재 마감을 노출시켰다

폐기물 처리

폐기물 처리는 돈이다. 철거 중 발생하는 폐기물은 폐기물처리관리법에 따라 분리수거하여 처리해야 한다. 하지만, 리모델링현장은 폐기물을 분리 수거하기가 쉽지 않고, 분리할 작업 장소 또한 협소하여 작업이 수월하지 않다. 우리건물에서도 일부는 분리 수거를 하지 못한 채 소규모 폐기물업체를 통하여 처리하여 비싼 비용을 지불해야 했다.

특히, 현장에서 소각은 금지되어 있으므로 주의해야 한다.

폐기물 처리비용

1. 대규모 폐기물 처리(폐기물중간처리업체)[2]
   · 콘크리트류 : 13,000원/m³
   · 소각폐기물(목재, 종이, 스치로폴 등) : 40,000원/m³
   · 혼합폐기물 및 기타 : 25,000원/m³
2. 소규모 폐기물처리(폐기물 수집/운반업체)
   · 혼합폐기물(미분리) : 60,000~80,000원/m³

2) 인선ENT www.insun.co.kr

폐기물 처리는 가능한 분리하고, 장비를 사용하는 것이 효율적이다

폐기물 관리법 제26조에 규정된 폐기물 처리 가능업체

폐기물 처리 가능업체

구 분	가능한 처리업무	처리비용	처리가능방법
폐기물 수집, 운반업 (소규모 업체)	폐기물 처리시설을 갖춘 장소나 폐기물을 임시 보관할 수 있는 장소까지 운반 가능.	15~20만원 / 1.5톤 트럭 (2.5m^3)	미분리 처리가능 (업체에서 분리하여 처리)
폐기물 중간처리업	폐기물 중간처리시설을 갖추고 일부 폐기물을 가공, 재생처리 가능	25만원/15톤 트럭(10m^3)	현장에서 분리 처리만 가능
폐기물 최종처리업	폐기물을 최종 처리 가능한 시설을 보유한 경우로 소각장, 매립장등으로 주로 일반사업자는 없음		
폐기물 종합처리업	수집, 운반, 중간처리, 최종처리가 가능		

건설폐기물의 재활용 촉진에 관한 법률 시행령 별표에서 규정한 분리처리해야 할 건설폐기물

분리하여 처리해야 할 건설폐기물

종 류	상 세 내 용
건설폐자재	콘크리트, 벽돌, 모르터 등
유리류	도자기, 내화벽돌 포함
금속류	알루미늄, 스텐레스, 철제는 고철로 매매 가능
고무류	
목재류	종이(단, 유독성 화학 약품이나 비닐코팅이 되어있는 것은 제외)
플라스틱류	스치로폴 포함
폐유	
목재류	
섬유류	

개인별 안전장구
(안전모, 안전벨트, 각반, 안전화)

안전 관리

철거작업은 소음, 분진, 낙하 및 비산 등이 발생하는 위험한 작업이므로 주변에 안전시설을 설치하고 작업자 이외의 통행인을 제한하여야 한다.

공사에 투입되는 작업자들에 대해 산재보험과 근재보험을 들어두는 것도 만일의 사고 발생에 대비하는 좋은 안전 장치이다. 무엇보다 중요한 것은 안전시설과 안전장구 착용으로 재해 발생을 근본적으로 차단하는 것이다.

하지만 소규모 작업장이여서인지 작업자들이 안전장구 착용을

소홀히 하는 경향이 있었다. 안전모나 안전벨트 없이 작업을 진행하여 항상 노심초사했었는데, 결국 천정재 철거 중에 합판이 떨어져서 작업자의 머리에 맞는 사고가 발생했다. 경미한 사고라서 다행이었지만, 안전에 대한 경각심을 불러 준 사건이었다. 이후 철거 작업자와 외부 작업자의 안전벨트와 안전모 착용이 이루어졌지만, 자발적으로 착용하지 못하는 것은 소규모 현장의 한계라고 생각한다.

추가로 발생한 철거 작업

리모델링 공사에서 철거는 처음 계획했던 범위보다 늘어나는 것

철거공사 초기 계획과 변경사항

부위	당초 철거계획 부위	진행하면서 늘어난 철거부위
외 부	외벽철판, 창호	외벽대리석(파손), 경계석, 보도블럭(레벨변경)
지하 1층	경량칸막이, 계단 및 벽체, 바닥재, 전등	정화조 출입문(손상)
지상 1층	천정재, 바닥재, 칸막이벽, 전면유리	출입문(철거 불량), 창문턱(추가), 외벽 추가(추가)
지상 2층	천정재, 바닥재, 칸막이벽, 전면/측면 창호	바닥 콘크리트 일부(레벨 불량)
지상 3층	천정재, 바닥재, 칸막이벽, 코너조적, 전면/측면 창호	출입구(측량 불량)
지상 4층	칸막이벽, 코너 조적, 전면/측면 창호	천정재 일부(배관설치), 출입구(측량 불량)
지상 5층	베란다 천정, 내부 계단, 바닥재, 칸막이벽, 코너 조적, 전면/좌우측면 외부창호	베란다 바닥재(마감 변경), 휴게실 칸막이벽(통로 변경), 천정재(사용불가)
옥 상	철제계단	안테나(사용불가)
계 단	난간벽(1층), 바닥재(1층)	난간벽(1~5층/품질개선), 바닥재(1~5층/품질개선), 내부 창문(추가)
화장실	벽 일부 타일 철거(배관공사부위), 깨진 변기 및 세면대, 팬코일	벽/바닥 방수층 및 타일(품질개선), 세면대(전층/품질개선), 천정(배관교체), 칸막이(품질개선)

이 일반적이라고 한다. 철거하다가 손상되는 부위가 발생하면 이를 보수하는 것보다 추가로 철거하는 것이 비용도 저렴하고 시공도 간편한 경우가 있으며, 남겨 두기로 결정한 기존 마감 상태가 마음에 들지 않아서 철거하는 경우 또한 많이 발생하기 때문이다.

이런 이유 때문에 당초 추가사항은 계약범위에 포함하는 것으로 하였지만 그 범위를 벗어난 부분이 많아 추가 철거비용이 발생하였다.

철거의 주 작업은 착수 후 1주일만에 완료가 되었다. 그러나 화장실의 내부를 추가로 철거하는 등 추가 작업이 간간이 발생을 하였고, 외벽공사가 늦어지는 바람에 비계해체도 지연되었는데, 길이 6m 강관파이프를 기준으로 한달에 한개당 2,500원으로 정해져 있어 임대기간이 연장되면 임대료도 늘어나는 명백한 공사금액 변동 사유가 되었다. 이런 추가된 비계비용을 포함하여 최종적으로 당초 계약보다 5백만원이 추가된 4천만원으로 정산하였다.

철거공사 공정표

공 종	3월															4월																														5월														
	15	16	17	18	19	20	21	22	23	24	25	26	27	28	29	1	2	3	4	5	6	7	8	9	10	11	12	13	14	15	16	17	18	19	20	21	22	23	24	25	26	27	28	29	30	31	1	2	3	4	5	6	7	8	9	10	11	12	13	14	15
외벽철거	외벽철거																																																												
창호철거	창호철거																																																												
내부철거		내부철거																																																											
비계설치/해체	비계설치																																					베란다비계해체																							비계해체
추가철거							슬래브/벽철거													벽 철거							화장실 철거																																	

구조변경공사

인연이 행운으로...

  우리건물의 구조변경은 앞에 언급하였듯이 ① 건물의 원형 모서리 부분을 직각으로 변경 ② 2층의 슬래브 일부 확장 ③ 계단참 부분 확장이었는데, 대부분 기존 구조물의 일부분을 철근이 나올 때까지 콘크리트를 걷어내는 일과 철물로 보강한 후 콘크리트를 연장하는 일로 그 규모가 크지 않았다. 그래서 골조공사 전문업체와 접촉하는 것이 마땅치가 않았고, 업체가 아닌 목수 또는 철근공이 개인적으로 작업하기에도 일량이 너무 적은 경우이었다. 그래서 콘크리트를 걷어내는 일은 철거 작업자가 하도록 하고, 나머지 철물 작업은 철물 전문 업체와 접촉을 하게 되었다. 예전부터 잘 알고 지내오던 철물회사의 직원이 때마침 이제 막 새로운 회사[1]를 창업하여 작은 일도 마다할 이유가 없는 상태였었다. 물론 서로 믿음을 갖고 견적을 주고 받았으며, 합당한 금액으로 많은 일을 하게 되었다. 구조보강 뿐만아니라 외관 스트립공사, 각종계단, 방화도어, 강화유리문, 샷터 등등. 한 현장에서 작은 일부터 시작해서 추가로 꽤 많은 일을 하게 되는 것은 이제 막 시작한 회사로서도 좋은 상황이었을 것이고 우리로서도 의욕이 넘치는 작업자가 항상 대기하고 있는 상황은 작은 행운이었다.

1) 일원이엔씨 *032)556-1923~4*

2층 슬래브 확장

  1,2층 커튼월이 설치되는 부분에 2층의 슬래브를 외부로 30cm 확장하였다. 아주 작은 구조 보강이었지만 구조 보강은 2중으로 보완이 되도록 하였다. 즉, 철물로 일차적인 구조 보강을 하고, 기존 구조물의 철근에 새로운 철근을 용접하여 슬래브의 연장 부분을 2차로 보강하는 것이었다. 우선 철물 보강을 하되 콘크리트 부

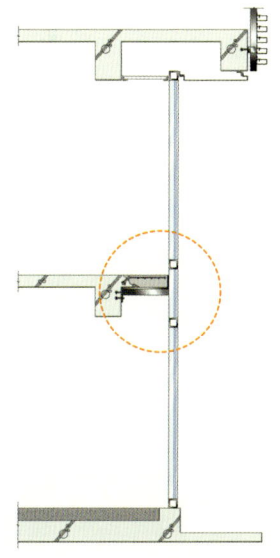

슬래브 확장 부분 구조계산

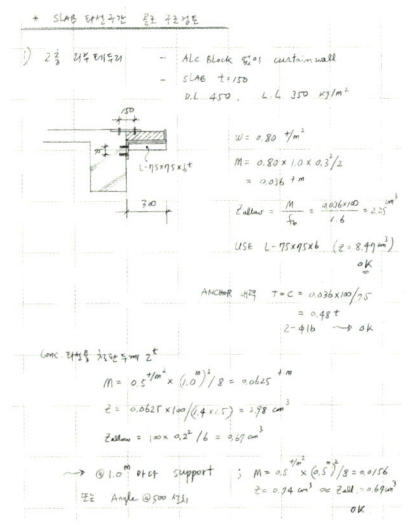

분이 아무런 힘을 발휘하지 못하더라도 버틸 수 있도록 구조계산을 하여 철물을 설치하였고, 콘크리트 슬래브 확장 부분에서도 하부에 아무런 보강이 없어도 자체의 보강 철근과 콘크리트만으로 지탱이 되도록 배근할 계획이었다.

그런데 문제는 기존의 슬래브에 상부철근이 없었다. 콘크리트를 살짝 걷어낸 후 기존의 철근이 나오면 연장되는 철근을 용접해야 하는데, 기존의 철근이 없는 것이었다. 물론 슬래브의 상부 철근이 없다 하더라도 건물이 무너지거나 균열이 많이 발생하지는 않을 것이다. 모든 슬래브를 보에 단순 거치로 올려져 있다고 가정하면 심각한 문제는 아니다. 단지 현재의 구조계산 규정에 어긋난다는 것이지.. 이런 판단이 부실을 그대로 받아들여 합리화 시키는 것이 아닌가 생각할 수도 있을 것이나, 어디 정도를 say ok (규정상 조금 미치지 못하더라도 다른 안전율을 생각해서 인정하는 것) 할 것인가는 엔지니어의 몫일 것이다. 아무튼 우리건물에는 콘크리트에 셋앙카(M8규격)[2]를 상부철근 위치에 박고 셋앙카에 철근을 용접하여 배근하는 방법을 취했다.

거푸집은 보강구조와 일체가 가능하고 영구 매립용으로 사용하기에 합당한 철판을 사용하였다.

2) M8규격은 Ø12mm셋앙카로 1.8ton의 인장력을 발휘한다

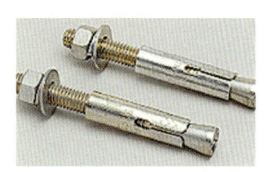

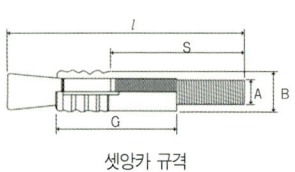

셋앙카 규격

Bolt size A	Slate dia B (mm)	Screw length S (mm)	Total length l (mm)	Plate size			Tensil Strength (kgf)	Suitable drill (mm)
				E (mm)	F (mm)	G (mm)		
M6(W1/4)	10.5	15	30	5.0	7.0	14.0	90	11.0
M8(W5/16)	12.0	17	35	5.5	8.0	16.0	1,848	12.5
M10(W3/8)	14.3	18	40	7.5	10.0	19.0	2,220	14.5
M12(W1/2)	17.5	22	50	9.5	14.0	23.5		18.0
M16(W5/8)	21.5	27	60	12.5	16.5	30.0	5,180	22.0
M20(W3/4)	25.5	35	80	16.0	20.0	32.0	5,500	26.5
M22(W7/8)	28.5	40	90	19.0	25.5	40.0	6,200	29.5
M24(1")	31.8	50	110	20.0	30.0	45.0	8,000	33.0

아주 작은 구조물의 콘크리트 타설이다보니 파리 잡는데 도끼를 사용하는 것처럼 콘크리트 펌프를 임대하는 것은 과다했고, 그렇다고 사람이 콘크리트를 짊어지고 올라갈 수도 없는 애매한 상황이었다. 그래서 우리 건물의 구조 변경부분에는 콘크리트 대신 모르터를 사용하고 소형 모르터 펌프로 올려서 각 층의 구조 변경부분을 해결하고자 했다. 이때 임대한 모르터 펌프는 구조 변경부분에 필요한 모르터 뿐만 아니라, 5층의 바닥 미장에 필요한 모르터도 같은 날 올려서 작업할 수 있도록 계획을 하였다.

모르터는 강도가 약하지 않을까 우려할 수도 있지만, 사실은 그 반대로 우리 현장에서 사용한 $1m^3$당 시멘트량 450kg의 모르터 강도는 콘크리트 보다 더 강하다. 이는 많은 기술자들이 모르터의 강도에 익숙하지 않기 때문이다. 단지 모르터가 콘크리트에 비해 비싸고 건조수축[3]이 콘크리트보다 커서 큰 구조물에는 적합하지 않을 뿐이다.

거푸집용으로 사용된 철판에 문제가 있었는데, 철판과 슬래브의 틈새가 벌어진다는 것이다. 처음에는 모르터가 새나가지 않도록 우레탄폼으로 틈새 부분을 막았으나 우레탄폼 부위가 압축력을 받는 부분이므로 슬래브의 구조성능을 저하시킬 우려가 있다고 판단하였다. 그래서 우레탄폼을 다시 제거하고 모르터를 조금 되게 반죽하여 막는 것으로 수정하였다.

모르터 강도 (쌍용양회 창원공장 자료)

시멘트량(kg)	배합비	강도(MPa)
350	1 : 5	22
450	1 : 4	29
550	1 : 3	37
700	1 : 2	45

3) 응결 후 남은 물이 증발하여 체적이 줄어드는 현상으로 균열이 발생하는 문제점이 있다

철판의 하부는 앵글로 보강하고, 기존 슬래브에 셋앙카를 박고 철근을 용접하여 상부철근으로 사용하였다

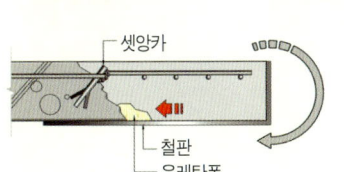
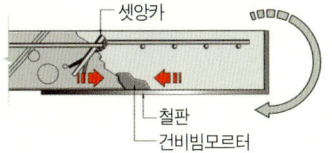

켄틸레버는 상부에 인장력, 하부에 압축력이 발생하므로 하부 거푸집의 틈새를 메울 때 우레탄 보다는 모르터가 좋다

원형 모서리 확장 부위 구조계산

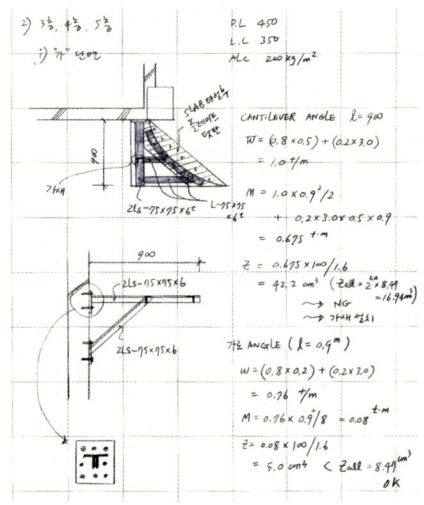

원형 모서리 부분을 직각으로

건물의 둥근 모서리 부분을 직각으로 만드는 슬래브 보강 부분도 역시 철물로 보강하되 연장된 슬래브 자체로도 견딜 수 있도록 계획하였다. 이 부분도 철판을 거푸집으로 사용하였고 보강 철근은 되도록 기존의 보 철근에 용접하려 하였다. 철근을 기존 철근에 연결할 수 없는 경우는 셋앙카를 사용하여 고정하였다. 기존의 슬래브에 상부철근이 제 위치에 있었다면 철근과 철근을 용접해서 보기 좋았을 것이나, 셋앙카를 슬래브에 수직으로 설치하기 때문에 여기에 용접되는 신설부분의 슬래브 철근은 어설프기 그지없었다. 하지만 하부 보강 구조는 테두리보에 지지된 삼각 브래킷(Braket) 형태로 계산상에서 보듯이 꽤 여유있는 구조성능을 발휘하고 있다고 판단되는 구조였기 때문에 상부철근의 부실을 커버할 수 있다고 생각하기로 했다.

셋앙카가 신설되는 철근과 평행하게 설치되지 않고 직각으로 설치되어 힘을 받을 수 있을지 의문이었다

원형 모서리의 슬래브를 철거한 후 철판과 앵글을 설치하여 모르터로 마무리하였다

주 출입구 계단참 구조보강

주출입구 슬래브 구조보강 부분이 우리 건물에서 제일 큰 구조 변경부분이었다. 계단참에 있는 개구부를 막고 그 개구부와 연장해서 밖으로 돌출된 슬래브를 1m가량 캔틸레버 구조로 내야 하는 일이다. 우선 개구부의 외부에 기둥과 기둥을 연결하는 날아가는 보(Flying beam)가 있어 이를 이용하는 구조보강이 필요하였다.

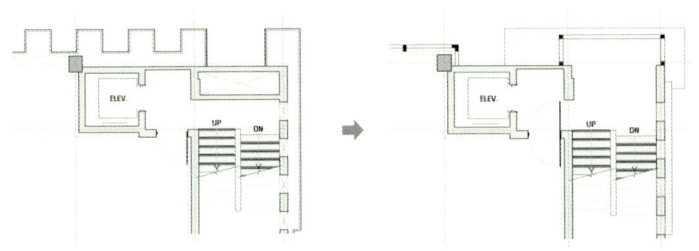

변경전(좌), 변경후(중), 계단참의 개구부를 막고 밖으로 1m 정도 돌출시켜 슬래브를 확장하였다(우)

이 보는 슬래브 하중을 받고 있지 않기 때문에 이 정도 추가되는 슬래브 하중은 충분히 받을 수 있을 것이

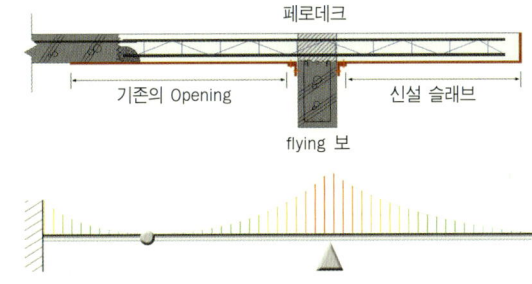

• 겔버보의 단면과 모멘트도
신설 슬래브는 캔틸레버 형태가 되므로 기존의 슬래브에 고정하면 모멘트가 커져서, 보에 걸치되 겔버보의 형태를 취하여 기존 슬래브와의 연결부는 전단력만 받을 수 있도록 하였다

었다. 그러나 기존의 슬래브에는 영향을 적게 미치도록 이 부분을 겔버보 개념으로 확장 하는 것이 바람직하다고 생각했다.

2층에서부터 5층까지 1m가 넘는 슬래브를 캔틸레버구조로 신설하는 일이었기 때문에 앞의 보강처럼 철물로 보강하는 것은 보강구조가 과대해져 좋은 방법이 아니었다. 그렇다고 합판거푸집으로 한다면 동바리를 매 층마다 설치해야 하며 그 존치기간 등을 고려할 때 많은 시간과 번거로움이 예상되었다. 다른 방법을 찾아내어야만 했는데, 동바리를 사용하지 않을 수 있는

페로데크를 이용하여 슬래브를 간편하게 구축하였다

4) 명화엔지니어링 www.ferrodeck.co.kr

슬래브 거푸집으로 페로데크[4]를 사용한다면 해결될 것 같았다. 거푸집도 해결되고 자체의 철근이 서로 트러스 처럼 연결되어 있어 하중을 지탱하는 능력도 적지 않으므로 페로데크를 날아가는 보에 걸치고 본 건물에 잘 고정만 한다면 겔버보의 형상이 되어 쉽게 해결할 수 있을 것 같았다. 구조계산에서도 페로데크 중 기본적인 타입(상하 D10 철근 @200간격배치)만 사용하여도 충분한 내력이 나온다.

문제는 콘크리트를 어떻게 타설하느냐 인데, 전층을 한꺼번에 타설하기 위하여 동바리는 켄틸레버 부분에 하부층에서부터 정확하게 같은 위치에 설치하였다. 물론 동바리인 스틸서포트가 콘크리트에 묻히면 안되므로 콘크리트가 타설되는 부위는 벽돌로 스틸서포트를 괴어 콘크리트에 묻히지 않도록 하였다.

데크에 콘크리트를 한 번에 타설하기 위하여 2층에서 5층까지 동일한 지점에 동바리를 설치하고, 동바리가 콘크리트에 묻히지 않도록 동바리 받침부에 벽돌을 고였다

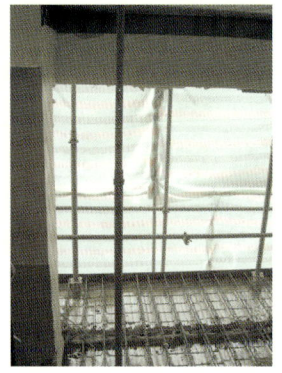

슬래브 개구부 보강

1층 천정을 철거하고 보니 1차 리모델링 시 콘크리트 바닥을 철거한 후 다시 철골로 막은 슬래브가 나타났다. 하지만, 철골의 접합 상태가 조잡하여 조금 불안해 보였다. 철골을 철거하고 철근콘크리트조로 공사를 하는 것도 생각해 보았지만, 혹시라도 1,2층 간의 통로가 필요한 경우가 앞으로 생길 수도 있고, 일을 너무 벌린다는 생각이 들어 부실한 곳만 앵글을 사용하여 보강하였다.

5층 내부에서 옥탑방으로 올라가는 계단때문에 생긴 슬래브 개구부의 경우도 5층 사무실 공간의 효율성때문에

기존의 보강 철골의 접합상태가 부실한 곳이 많아 앵글로 보강하였다

기존의 사무실 내부 계단은 공간의 낭비를 초래하여, 계단을 철거 후 철물로 간편하게 막아 슬래브를 구축하였다

계단도 없애고 그 상부 슬래브도 막아야 했다. 시공이 간편한 철물로 구조체를 형성한 후 합판으로 슬래브를 구축하여 막았다. 옥탑방으로 가는 통로는 사무실 외부의 계단실을 이용할 수 있었다.

지하1층 별도 계단실

지하층의 철근콘크리트계단을 철거하는 것은 09 백호우 장비에게는 일도 아니었다. 몇 번만 브레커(Breaker)로 치니 거의 다 털어져 나갔고, 조금 남아 있는 것은 핸드 브레커를 이용하여 털어내었다. 입구 부분의 출입구도 기존의 철재 방화문에서 강화유리문으로 변경하고 입구를 조금 더 환하게 보이도록 확장하기 위하여 벽체를 털어 내었다.

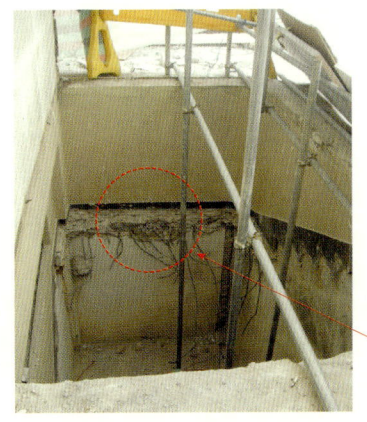

백호우를 사용하여 기존의 철근콘크리트 계단을 털어내었다

계단을 털어낸 후 철근 절단

기존의 답답한 지하 출입구를 채광이 잘 되도록 입구를 확장하였다

지하 계단실은 토압옹벽으로서 계단 부분의 버팀이 없어도 구조적인 문제가 없다고 확인되어 신설되는 계단의 구조를 건식으로 하기로 했다. 1층에서 지하계단참까지 다시 계단참에서 지하까지를 한 스팬으로 생각하면 4.6m이고, 주 부재를 20cm×10cm 각형 강관 즉, 철골로 형성했기 때문에 20명의 사람들이 발을 굴러도 좋을 구조가 된다. 그 위에 철판으로 디딤판 부분을 붙이고 챌판 부분에는 비워두었다. 경제적인 면도 있지만 하부가 막혀 빛이 차단되는 것은 바람직하지 않기 때문이었다. 물론 마감없이 철판만 그대로 사용할 수는 없었다. 그래서 그 위에 두꺼운 목재(폭 : 14.3cm 두께 : 2.5cm) 마감재를 올려 놓고 또 난간도 철재 구조 위에 목재 손스침을 하였더니 아주 느낌 좋은 공간이 생겼다.

①20×10cm 각형각관을 계단이 시작되는 1층 슬래브에 볼트로 고정

②각형각관을 지하 1층 바닥에 고정

③계단 받침판 간격 나누기

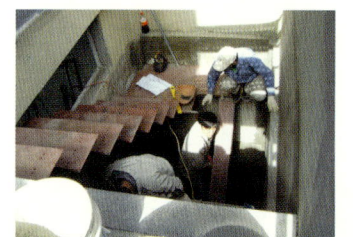

④계단 디딤판 설치

⑤디딤판 위에 목재판 깔기

⑥스테인 칠하기

지하 계단실 모습(좌)
지하 계단실 하부벽체는 차량의 충격에도 보호될 수 있도록 조적벽 설치(중,우)

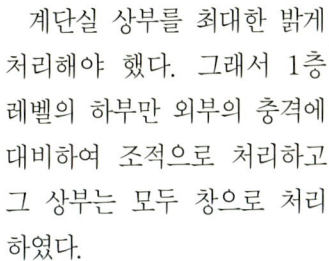

계단실 상부를 최대한 밝게 처리해야 했다. 그래서 1층 레벨의 하부만 외부의 충격에 대비하여 조적으로 처리하고 그 상부는 모두 창으로 처리하였다.

구조변경 공사비

단위 : 원

항 목	수량	금 액	비 고
2층 슬래브 확장	1식	700,000	
3~5층 모서리 확장	1식	2,100,000	
1층, 옥탑층 슬래브 보강	1식	2,000,000	
주 계단실 확장	1식	1,648,000	상세비용 : 계단실 확장을 위한 소규모 골조공사비 비교 참조
지하 철제계단	1식	4,500,000	

계단실 확장을 위한 소규모 골조 공사비 비교

단위 : 원

공 법	항 목	공사비	비 고
형틀+철근+콘크리트타설	외주견적	13,000,000	선택하지 않음
데크+모르터타설	페로데크	150,000	운반비만 발생 (실제 가격은 25,000원/㎡)
	데크 설치비	1,200,000	
	동바리 임대	136,000	임대료 3,000원/개 운반비(왕복) 80,000원
	모르터	162,000	43,800원/㎡
	계	1,648,000	

외장 공사

알루미늄 각파이프를 마감재로

우리 건물의 가장 핵심 디자인 컨셉은 외관의 스트립 처리였다. 설계도면이 나왔을 때부터 스트립 재료로서 어떤 재질이 좋을까 하는 것이 큰 고민거리였다. 사용할 수 있는 재료가 몇 가지 있다. 목재와 아연도금 각파이프, 알루미늄 각파이프이다. 비용으로만 판단한다면, 45×45목재를 스테인처리하여(색을 넣어서) 사용하는 것이 6,400원/m으로 가장 저렴하다.

목재와 알루미늄 스트립 단면도

그러나 목재는 설치완료 후 자중에 의한 처짐과 함수율 변화로 인해 약간의 변형을 감수해야 하고 시간이 지나면서 색상이 변할 수 있다. 물론 이것도 고풍스러운 디자인 개념으로 판단할 수 있겠지만 지저분해질 우려가 있다. 또 원 건물의 내부표면을 스트립으로 커버하기 위해서는 스트립의 폭이 45×80정도이어야 하는데, 이 규격의 목재는 8,200원/m으로 적지 않은 금액이 된다.

다음은 아연도금 각파이프를 고려해 볼 수 있는데, 생산규격중 우리건물의 디자인에 적합한 것은 45×75(t=1.6mm) 규격이다. 이의 가격은 7,500원/m으로 조사되었으나, 이것의 문제는 무거워 설치하기 어렵고 스트립을 잡아 주는 조적벽체에도 무리가 간다는 문제점이 있었다. 또 설치할 때 피스로 흠집을 내야 하는데 이 부분에서 향후

목재스트립으로 외장처리한 건물(좌)
목재 스트립 접합상세(우)

시간이 지나면 녹물이 보일 수도 있었다. 마감재로 녹이 보이는 것은 치명적인 약점이라 할 수 있다.

마지막으로 고려할 수 있는 자재는 알루미늄 각파이프인데 이는 설계자가 원하는 규격으로 생산이 가능하다. 왜냐하면 알루미늄을 뽑아내는 다이케스팅(diecasting)이라고 하는 주조틀만 만들면 얼마든지 뽑아 낼 수 있기 때문이다. 그 틀의 가격은 일정 분량의 제품만 구매하면 제조자의 부담이 되는 것이 보통이다. 또 가볍고 녹이 없으며, 파이프의 모서리 각이 아주 예리하기 때문에 정갈한 느낌을 줄 수 있다. 45×80(t=1.0mm) 각일 경우 9,600원/m으로 가장 비쌌지만 디자인 개념에 가장 적합한 마감 재료라고 판단하였다.[1]

1) 스트립 자재 가격비교표 p93 참조

스트립의 간격을 정하는 것도 중요한 문제였는데, 간격 결정의 포인트로서 건물의 정면 도로에서 지나는 사람들의 시선이 스트립의 뒷부분 즉, 원 건물의 표면이 보이지 않을 정도의 간격을 기준하여 11cm로 하였다. 멀리서는 설사 보인다 하더라도 그 내부가 인지 되지 않을 것이기 때문이다. 알루미늄 스트립 재료의 발주는 커튼월 업체에 포함하였다. 나중에 알게 된 사실이지만 만약 알루미늄 각파이프를 생산업체에 별도로 주문 하였다면 약 20% 정도는 더 저렴한 가격에 구입할 수 있었을 것이다. 그렇다고 중간에 구입선을 바꿀 수는 없었다. 왜냐하면 처음 견적을 제출할 때, 어떤 것은 이익이 되고 어떤 것은 손해가 되는데, 이익이 되는 것을 공사 중에 제외한다면 공정하지 않은 상행위가 되기 때문이다.

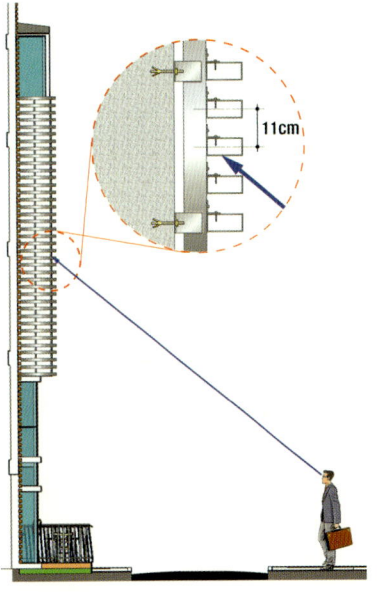

인접도로에서 3층의 내부가 보이지 않을 정도의 간격

철제 각파이프 규격

구 분	규 격 (mm)									
정방형	20x20	25x25	30x30	40x40	50x50	60x60	75x75	80x80	90x90	100x100
	125x125	150x150	175x175	200x200	250x250	300x300	350x350	400x400	500x500	
장방형	30x20	40x20	50x20	50x30	60x30	60x40	75x20	75x45	75x50	
	100x50	125x75	150x50	150x75	150x100	200x100	200x150	250x150	300x200	400x200

스트립의 시공 순서

① 건물의 외부 추가 조적벽체가 완성되고 미장을 한 후 바탕 도장을 한다.

건물의 외부 조적 벽체를 일부는 털어내기도 하고 일부는 추가로 설치했었기 때문에 스트립 설치 이전의 작업이 많았다. 외부 조적벽체의 설치, 창문틀의 설치, 외부 미장, 창문틀과 조적벽체 사이의 사춤 및 실런트 작업, 마지막으로 바탕면 도장작업이 선행되어야만 했다. 이 외장 스트립 공사가 끝나야 뒷 공정인 비계철거가 가능하고 비계철거가 되어야 건물 외부 공사 즉, 주변의 바닥부분공사가 마무리되기 때문에 전체 공정 중의 주공정(Critical Path)이라 할 수 있었다.

원 건물의 기존 벽체 위에 외부 바탕 도장 작업

② 스트립을 고정 할 수직구조재 설치

먼저 벽체에 스트립 고정을 위한 수직구조재인 50×50×2t 각 파이프를 설치해야 했다. 수직구조재는 벽체에 수직으로 @3.0m 간격을 기준으로 설치하되 창문 부분을 비워두어야 하기 때문에 창문크기에 맞게 간격을 조정하였다. 수직구조재를 건물에 고정하기 위해 필요한 긴결앙카의 간격은 조적벽체를 피하고 콘크리트 슬래브 또는 보의 위치 즉 우리건물의 층고인 @3.0m로 하였다. 건물에 수직 구조재를 고정하기 위하여 각파이프 양옆에 구멍뚫린 철판을 용접한 후 전체를 용융아연도금하여 현장에 반입하였다.

외장재조립 작업(좌)
수직구조재는 부식방지를 위하여 용융아연도금하여 현장에서는 조립만 할 계획이었으나, 건물의 기울기가 심하여 무용지물이 되었다. 할 수 없이 브래킷을 용접하여 건물 외벽에 고정하는 방법을 택했다(우)

덧붙인 철판 위치에서 셋앙카를 이용하여 건물에 고정할 예정이었던 것이다. 여기서 문제가 하나 발생하였는데, 외부 마감은 정확하게 수직이고 직각이어야 하는데 바탕 건물이 수직도에서 약 10cm까지 벗어나 있었고 평면상으로도 정확한 90° 각이 아니어서 수직구조재를 벽에 밀착하여 붙일 수가 없었다. 건물은 생각과 같이 이상적이지 않다는 아주 당연한 사실을 깜빡 잊었던 결과이다. 그래서 건물과 수직부재가 이격되는 부분에 별도의 브라켓(Braket)을 추가로 용접하고 수직구조재를 띄워 셋앙카로 건물에 고정하였다. 브라켓을 현장에서 추가로 용접하므로서 용접부위의 용융아연도금의 방청효과는 기대할 수 없게 되었다. 물론 용접한 부분은 다시 페인트처리를 하였지만 쉽게 녹이 생길 것은 각오 하여야 했다.

③ 알루미늄 스트립의 설치

실측된 건물의 길이에 맞게 알루미늄 스트립을 절단한다. 알루미늄과 알루미늄은 서로 이어서 사용해야 하는데, 그 사이에는 별도로 주문 제작한 용융아연도금 슬리브를 끼우고 피스로 고정한다. 이렇게 길게 연결된 스트립을 수직구조재에 고정해야 하는데,

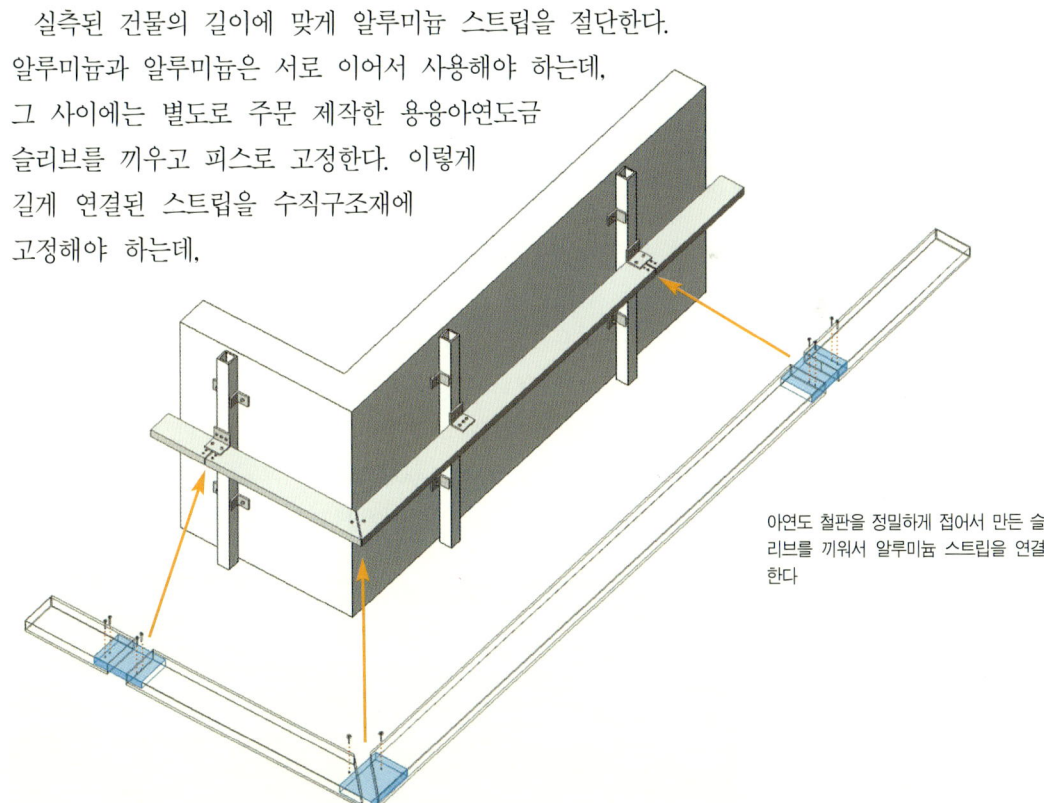

아연도 철판을 정밀하게 접어서 만든 슬리브를 끼워서 알루미늄 스트립을 연결한다

알루미늄 스트립의 상부에 연결용 조각 앵글을 달면 미관상 보기 좋고 작업이 수월하다

알루미늄 조각앵글을 사용하여 먼저 스트립에 피스로 고정한 후 스트립을 들어 올려 수직구조재와 조각앵글을 피스로 고정하면 스트립이 설치되는 것이다. 스트립과 수직구조재를 연결하는 조각앵글이 하부에 위치하면 스트립을 받쳐주는 형상이라 더 안전할지 모르겠지만, 사람의 시선에 노출되기 때문에 위에 설치하는 것이 외관상 좋고 스트립을 아래에서 위로 설치해 나가게 되므로 작업상 유리하여 상부에 설치하였다. 상부에 설치하는 것이 불안해 보이나 알루미늄을 스크류 피스로 조립하는 것은 큰 충격이 반복해서 가해지지 않는 한 탈락되지 않을 것으로 확신했기 때문에 미적인 부분을 우선적으로 고려하였다.

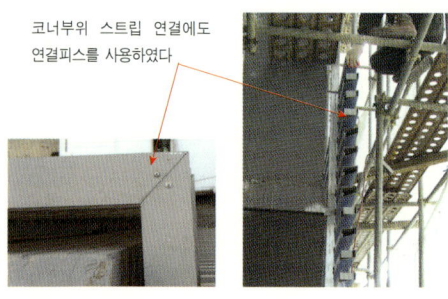

아연도 철판을 정밀하게 접어서 만든 슬리브를 끼워서 알루미늄 스트립을 연결한다

알루미늄 스트립을 설치하는데 생각보다 많은 시간이 소요되었다. 알루미늄 스트립 사이에 사용하였던 슬리브는 챤넬 형상으로 접어서 제작하여 용융아연도금하였는데, 너무 정밀하게 만들다 보니 알루미늄을 절단할 때 발생한 찌꺼기로 인하여 슬리브를 끼우기가 쉽지 않았다. 그렇다고 너무 여유 있으면 고정이 제대로 될 것 같지 않아서 어렵게 스트립 연결 작업을 해야만 했다.

스트립을 설치한 다른 건물들은 창문 밖으로 스트립을 통과하여 설치하였기 때문에 창문에 구애받지 않고 설치 하였겠지만, 우리 건물은 창문에 스트립이 통과하지 않고 창문 옆을 스트립으로 수직 마구리 처리를 하였기 때문에 어려운 문제가 발생하였다. 전체 스트립 간격을 일정하게 맞추지 못하고, 우선 창문의 위아래 위치를 잡은 후 창문 부분을 등간격으로 등분하여 스트립의 간격을 정

창문 위아래의 간격이 달라서 각 단마다 스트립의 간격을 조정하느라 시간이 많이 소요되었다

하였고 그 외의 부분도 나머지 길이를 등간격으로 나누어 스트립을 설치 하여서 작업속도가 늦어지는 원인이 되기도 했다.

알루미늄 각파이프의 수량은 자재손실(Loss)을 10%로 고려하여 제작하였다. 그러나 스트립이 설치되는 벽의 길이가 9~12m로 6.3m길이로 제작된 알루미늄 스트립을 2개로 연결하여 사용하면서 손실이 많이 발생하였다. 처음에는 알루미늄 자재가 짧아도 연결하여 사용한다고 계획하였는데, 연결할 때 작업성이 떨어지고 자투리 자재를 사용할 경우에는 외관이 조잡해질 우려가 있어서 긴 부재만을 사용하다 보니 예상보다 많은 25%나 자재손실이 발생되었다.

알루미늄 자재는 주문 생산으로, 주문 후 압출과 도장 작업이 최소 7일~10일이 소요되는 것도 문제였다. 자재손실이 커져 자재가 다 떨어진 이후에야 자재가 부족하다는 것을 파악하고 긴급하게 추가로 주문하는 바람에 공기가 4일이나 지연되기도 하였다.

알루미늄 스트립의 외장 효과는 아주 좋은 것으로 평가되었으나, 계획보다 비용면에서나 공기면에서 부족한 것이 많았다. 사전에 상세한 시공 상세도를 작성하고, 이에 따른 작업계획을 세워야만 처음하는 공사라 할지라도 원만하게 진행된다는 것을 다시한번 생각하게 하였다.

외장 알루미늄 스트립을 설치하는데 소요된 시간은 총 15일, 55공수(총 투입인원)이었다. 총 면적이 320㎡이므로 네 사람이 한 조로 했을 때 하루에 한 사람이 5.8㎡을 시공한다는 의미가 된다.

알루미늄 스트립 공사비용은 총 2,800만원이었는데, 45×80 각파이프 규격으로 스트립 간격을 11cm로 계산했을 경우 87,700원/㎡ (자재비 : 67,700원/㎡, 인건비 : 20,000원/㎡) 이라는 결과이다.

경량인방(왼쪽)과 알루미늄 스트립(오른쪽)이 연속성을 지니면서도 다른 질감을 느끼게 한다

일석이조의 경량인방 설치

우리회사에서 개발되어 조적공사에 널리 사용되고 있는 바로나 경량인방을 엘리베이터실 부분 외벽에 사용하였다. 엘리베이터 기계실 때문에 그 부분만 옥상보다 한 층이 더 높아 나름대로 건물의 코어(Core)라는 느낌을 주는 부분이며 다른 부분과 구별을 줄 수 있는 디자인 요소로도 활용될 수 있는 부분이었다. 이 부분에 경량인방재를 스트립으로 사용한 것은 전체 건물을 감싸고 있는 알루미늄 바와 동일한 스트립의 연속성을 지니면서도 다른 질감(Texture)으로 차별성을 주기 위함이었다. 뿐만아니라 우리회사에서 개발한 제품을 여러 용도로 사용할 수 있다는 홍보 효과까지 있다고 판단되었다.

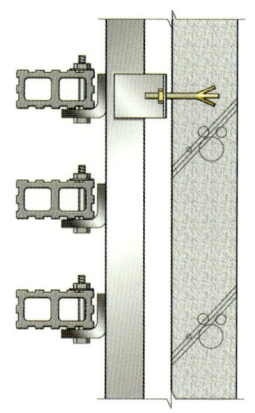
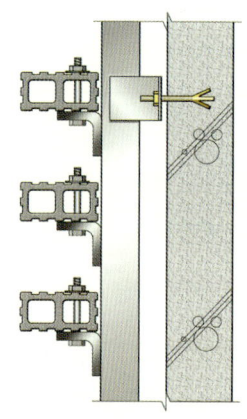

경량인방을 수직 구조재에 고정하는 앵글의 방향을 'ㄱ'자로 바꿈으로써 설치가 한결 수월해졌다

볼트를 이용하여 경량인방재를 고정

고정 방법을 도면으로 확정하고 외벽 알루미늄 스트립 공사를 맡은 철물업체에게 이 작업도 맡겼다. 당초 수직구조재를 설치하고 그 위에 용융아연도금한 철재 토막앵글을 'ㄴ'로 용접하여 경량인방을 받치는 것으로 계획하였으나, 인방재에 구멍 위치가 경량인방재의 중앙에 맞지 않아 인방재가 파손되는 경우가 생겼다. 작업자의 아이디어로 토막 앵글을 수직 부재에 'ㄱ'자 형태로 붙이니 인방에 구멍을 내어 볼팅을 하는데 수월해졌고 설치 작업을 생각보다 쉽게 마칠 수 있었다.

이 부분은 외부비계가 해체된 이후에 스카이라고 하는 고소작업

장비를 이용하였는데(일당 임대비 : 30만원), 사람과 자재를 작업대에 얹어 작업장소까지 올라갈 수 있기 때문에 장비를 필요로 하는 부분은 하루 만에 완료할 수 있었다. 알루미늄 스트립을 설치한 팀이 작업을 하고 부재의 연결 없이 설치하는 작업이었기 때문에 작업효율이 높았다고 생각된다.

스카이 장비를 이용하여 경량인방을 설치하며 작업이 수월하다

경비실의 하부 부분도 습식으로 경량인방을 설치하였는데, 'ㄷ'자로 세면을 설치해야 하므로 모서리를 처리해야 했다. 경량인방을 45°로 절단하여 모서리 맞추는 일이 쉽지 않았고 파손도 많이 되었다. 그래서 방법을 바꾸어 모서리에 인방을 수직으로 설치하여 수평 경량인방의 마구리를 숨겨서 마무리 하였다. 수직구조재와 경비실 하부 벽체까지 포함하여 공사기간과 금액은 다음과 같다.

공사기간 : 7일(16명 투입)
공사금액 : 72,500원/㎡
(설치비 : 30,000원/㎡, 자재비 : 38,000원/㎡, 장비비 : 45,00원/㎡)

눈에 잘 띄는 곳의 모서리는 인방을 세워서 설치하여 미세하게 어긋나는 인방의 오차가 감춰지도록 하여 자연스럽게 처리하였다. 또한 사람이 거주하는 경비실이라 구조체와 인방사이에 단열재를 넣고 인방은 모르터로 줄눈을 넣어 조적식으로 쌓아 마감하였다

회화적 디자인의 치장 경량인방쌓기

주차장 쪽인 북측의 넓은 벽면의 하부는 회화적 디자인의 치장 경량인방 쌓기로 설계되어 있었는데 이의 작업은 쉽지 않았다. 처음에는 전체를 철재 후레임으로 짜서 설치하고 그 위에 건식으로 치장 경량인방을 고정하는 것으로 쉽게 생각하였으나, 비용도 커

3m 높이로 인방을 세워쌓기에는 무리여서 두 단마다 석재용 긴결철물로 고정하였다

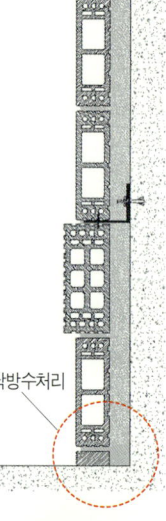
바닥방수처리

지고, 좁은 주차장 공간을 더 좁게 할 것이며, 건식으로 하면 치장 경량인방 위아래 줄눈 즉, 틈이 비어 있는 상태로 되어 디자인 개념에도 맞지 않는다고 판단하였다. 그렇다면 시멘트벽돌처럼 모르터를 이용하여 습식으로 쌓아 나갈 수 밖에 없었다. 그러나 시멘트벽돌처럼 부재가 작지도 않고(길이 2.4m), 회화적인 디자인을 위해 두께가 서로 다른 두가지 부재를, 높이 3m까지 쌓는다는 것은 쉬운 일이 아니었다. 그래서 습식으로 하되 석재를 건식으로 설치할 때 사용하는 긴결철물(스테인리스 브라켓)을

인방 사이는 방수용 모르터를 혼합하여 누수를 방지한다

인방이 설치되는 바닥과 벽면은 누수를 방지하기 위하여 방수를 하였지만, 여름철 폭우시 빗물이 넘쳐 내부로 누수되었다

방수한 부분

사용하여 2단마다 벽면에 고정하고 다시 모르터를 이용하여 쌓아 가는 방법을 택했다.

치장경량인방을 쌓기 전에 바닥과 만나는 모서리 주위에 바닥방수를 하고 시작 레벨을 맞추기 위해 시멘트 벽돌을 30cm정도 쌓았다. 그 위에 외벽과 치장경량인방 사이의 5~10cm정도의 공간에는 건비빔 모르터를 채우면서 치장경량인방을 쌓았고, 그 시작되는 면은 뒷면으로 물이 고일 것을 대비해 촘촘히 배수구멍을 설치하였다. 어렵게 설치는 끝났으나 나중에 문제가 발생하였다. 준공 후 장마철에 벽면으로 누수가 심하게 발생한 것이다. 하

인방과 벽체 사이에 빗물의 유입을 막기 위하여 설치한 스테인레스 커버(좌)와 인방 하부에 설치한 배수구멍(우)

루에 200mm 정도의 폭우가 쏟아지니 치장경량인방 뒷채움 모르터는 좋은 물길이 되었고, 배수구멍은 턱없이 부족하여 물이 차올라 내부로 물이 들어온 것이다. 이를 보완하기 위해 경량인방의 상부에 디자인에 손상을 주지 않으면서 뒷채움 모르터로 물이 들어가지 않도록 스텐리스 판으로 덮개를 씌워 주게 되었고, 반지하 1층에 위치한 화장실의 환기와 채광을 위하여 인방을 빼고 설치하였는데, 폭우시 개구부를 통하여 누수가 발생한 걸로 추측되어서 알루미늄 그릴을 추가 설치하였다.

공사기간 : 4일(11명 투입)

공사비용 : 73,000원/㎡

(설치비 : 34,000원/㎡, 자재비 : 39,000원)

경량인방 벽체에는 지하 화장실 채광을 위하여 개구부를 설치하였으나, 누수로 인하여 추가로 그릴을 설치하였다

회화적으로 마감된 치장경량인방

골형 패널은 저렴하고 현대적 감각이 느껴지나, 가설건물처럼 느껴질 우려가 있다

옥상부분 패널

기존 건물의 5층과 옥상 난간에 설치된 저급한 알루미늄 덧창과 천정이 건물의 품격을 낮추었다는 판단에 이 부분은 매우 신경쓰이는 부분이었다. 당초 외관설계에는 골판이라고 일컫는 아연도 골형 패널로 되어 있었다. 물론 저렴한 편이고 현대적이고 경쾌한 느낌도 줄 수 있을 것 같았다.

그러나 우리 건물은 이미 스트립으로 디자인 개념이 구축되어 있었기 때문에 다른 부분은 커튼월과 유사한 느낌의 마감이 필요했다. 옥상 난간 부분까지 골판으로 처리하면 어느 부분이 주 디자인 개념인지 구분이 가지 않아 정신없는 디자인이 될 수도 있을 것 같았다.

또 아연도 골형 패널을 그대로 사용하면 35,000원/㎡로 저렴하나, 건물 색상에 맞추어 도장 마감을 하면, 5,000원~10,000원/㎡ 정도 추가되어 적은 금액이 아니었다. 이를 대신할 수 있는 마감재로 매끈한 금속패널인 알루미늄 시트, 알루미늄 복합패널, 아연도금 불소수지 패널 등을 비교 검토하였다.

가격비교   단위 : 원

품 명	단 위	단 가	특 징
아연도금 골형 패널	㎡	50,000	단열을 포함하면 더 비싸진다
아연도금 불소수지패널	㎡	75,000	도막의 내구성이 떨어진다
알루미늄 시트	㎡	100,000	평활도가 떨어진다
알루미늄 복합패널	㎡	120,000	가격이 비싸다

알루미늄 시트와 알루미늄 복합패널은 외장재로 많이 사용되고 재질 특성상 내구성이 좋지만, 아무래도 부담되는 가격이었다. 그래서 가격도 저렴하고 알루미늄 마감재와 유사한 느낌을 들게 하는 아연도금 불소수지 패널을 사용하기로 하였다.

① 베란다 지붕틀을 먼저 설치한다.

아연도 불소수지 패널을 설치하기 위하여 베란다의 지붕틀을 설치하였는데, 어떤 틀이든지 트러스 형태로 보강하지 않으면 큰 힘

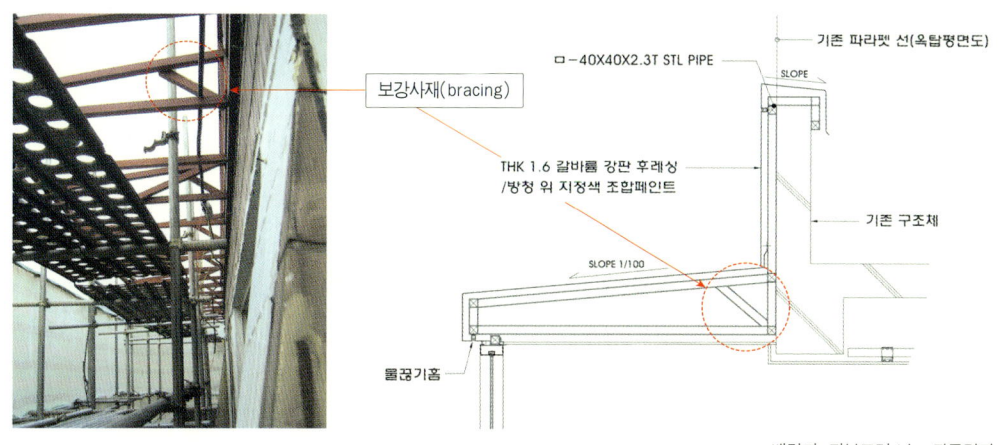

베란다 지붕트러스는 뒤틀림과 처짐에 대하여 가새를 보강한다

을 받지 못해 처짐이나 비틀림에 취약하다. 그래서 설치한 상태에서 보강 경사재를 더 보강하였다.

② 마감 패널을 붙이기 전에 창호를 설치한다.

물론 창호를 설치하기 위해서 하부의 베란다 조적 벽체가 설치되어야 하는데, 건물을 실측한 결과 베란다의 양끝이 수평으로 6㎝ 비틀어진 것을 발견하였다. 건물 외곽선에 따라서 지붕구조를 맞출 경우에는 시트를 제작하기 어렵기 때문에 지붕구조는 일정한 내민 길이로 하고, 오차는 베란다 난간인 조적 두께에서 보정하기로 하였다. 즉, 조적벽체에 올라타는 긴 창호의 위치가 한쪽은 내부쪽으로 그 반대쪽은 외부쪽으로 치우쳐 설치하여 오차를 보완하였다.

조적벽 두께 내에서 건물의 비틀어진 오차를 보정하였다

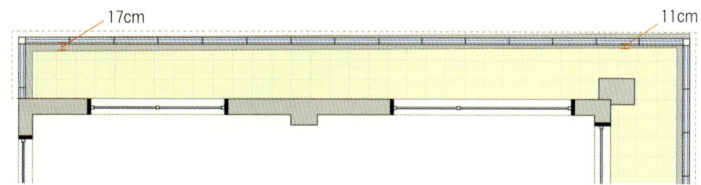

③ 마감재인 패널 설치

지붕재인 시트는 3mm 불소수지 아연도강판을 사용하였는데,

실측 후 제작 기간이 1주일이상 소요되며, 코너판은 알루미늄 창호가 설치된 이후에 제작해야 오차가 발생하지 않고 정확히 맞출 수 있다.

시트에 단열재 붙이기(좌), 지붕틀에 시트 붙이기(우)

코너 시트 붙이기(좌), 백업재 및 실런트 작업(우)

베란다 지붕 완료

옥상패널 부분 공사비용 : 11,550,000원(75,000원/㎡)

옥상패널 부분 공정표

공 종	3월																		4월													투입인원
	14	15	16	17	18	19	20	21	22	23	24	25	26	27	28	29	30	31	1	2	3	4	5	6	7	8	9	10	11	12	13	14	15	
틀설치																																		6명
공장제작																																		
지붕마감재 설치																																		11명

p81에 첨부되는 스트립 자재 가격 비교표

단위 : 원

품 명	단위	규 격	단 가	특 징
목재(Timber)	m	45x45	200	자연스러운 질감이지만, 처짐과 부패가 우려됨
		오일스테인	1,400	
		부속철물	2,400	
		설치비	2,400	
		계	6,400	
목재(Timber)	m	45x80	400	
		오일스테인	3,000	
		부속철물	2,400	
		설치비	2,400	
		계	8,200	
각파이프 (용융도금 Steel Pipe)	m	45x75	2,900	녹 발생이 우려됨
		부속철물	2,400	
		설치비	2,200	
		계	7,500	
알루미늄	m	45x80	5,000	가격이 비쌈
		부속철물	2,400	
		설치비	2,200	
		계	9,600	

커튼월 및 유리공사

창호 시스템 선정

외부 창호는 디자인과 기능을 함께 고려할 때 단연 가장 중요한 공사이다. 우리건물 공사비 중 약 8000만원이 소요되어 전체의 25%를 차지 하였으니 단일공종으로선 가장 큰 공종이었다. 그만큼 신경도 많이 썼고, 작은 건물이었지만 비용이 얼마가 들더라도 건축 엔지니어링 회사답게 가장 적절한 시스템을 선택하고자 했다. 우선 커튼월 시스템을 계단실부분과 1,2층 부분에 적용하였다. 이 정도 규모의 건물에서 커튼월 시스템에 뭐 그리 특별난 것이 있겠는가? 의문이 가겠지만, 많은 차이가 있다. 예를 들어 5층 베란다 부분의 수평으로 긴 연속창도 큰 창으로 되어 있지만 그것을 커튼월이라고 하지는 않는다. 왜냐하면 일반 창호는 별도의 설계로 단면의 크기가 결정되는 것이 아니라 항상 사용하는 즉, 언제나 조립공장에 구비되어 있는 부재를 질단하여 조립하기만 하면 된다. 그러니 공정이 어려울 것도 없고 누구에게나 익숙한 자재이어서 공사도 어렵지 않다. 커튼월은 건물마다 별도의 설계를 해야 한다는 것이 일반 창호와 다른 점 중의 하나이다. 창호의 크기에 따라 또 건물의 높이 즉, 지점의 크기에 따라 수직바의 크기가 달라진다. 물론 부재를 별도로 설계하였다고 해서 모두 커튼월이라고 할 수는 없다. 4층의 경우는 단열바를 사용하느라 별도의 설계에 의해 부재가 생산되었지만 단독으로 설치되므로 일반 AL.창호라고 부른다.

비용적인 측면에서도 일반바인 경우, 커튼월인 경우 또 단열바인 경우 그 단가가 서로 다르다.

단위 : 원/m²

구 분	AL.창호	커튼월AL.창호
일반바	60,000~70,000	110,000~120,000
단열바	70,000~80,000	140,000~150,000

실과 면하는 부분은 단열바를 써서 에너지 절약에 초점을 맞추었고, 계단실과 이중창인 베란다는 일반바를 사용하였다

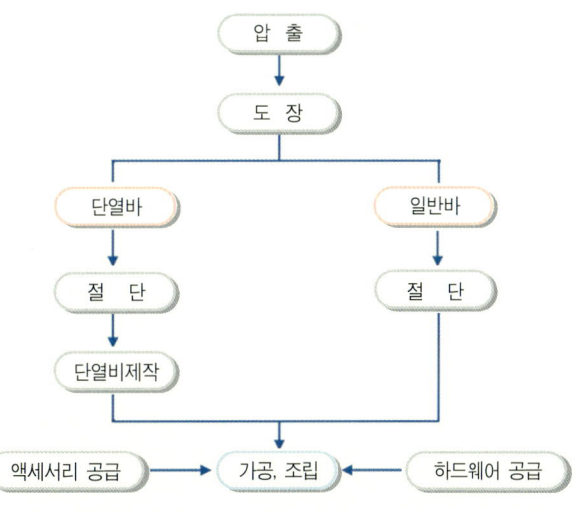

단열바는 추가로 한 공정을 더 거치므로 공사기간과 제작비용이 증가한다

커튼월로 적용한 계단실 부분과 1,2층 부분의 각 부재는 디자인 개념에 맞도록 수직 바를 숨은 바로 처리하였고, 수평바는 수평을 강조한 스트립의 개념과도 일맥 통할 수 있도록 돌출바로 하되 단열바로 처리하였다. 이런 처리는 설계에 의해 부재를 생산하게 되는 커튼월이었기에 가능한 디자인이다.

또 앞에서 언급한 안락함을 위해 즉, 에너지 절약(Energy Saving)을 위해 실과 면하는 창호는 모두 단열

1) 벤트(Vent)란 창호에서 열리는 부분을 일컫는다

바를 사용하였다. 이것은 일반바에 비해 약 15%가 더 비싸고 알루미늄의 많은 공정 중에서 추가로 한 공정을 더 거치기 때문에 제작기간도 길어진다.

벤트[1](Vent) 타입의 선정에도 신경을 많이 썼다. 앞에서도 언급하였듯이 슬라이딩 타입은 열효율이 좋지 않으므로 이중창이 있는 부분에만 적용하였고, 열효율이 좋은 프로젝트 타입과 케이스먼트 타입 중에서 프로젝트 타입은 환기가 크게 필요하지 않은 계단실 부분에, 케이스먼트 타입은 환기가 필요한 사무실 부분에 적용하였다.

프로젝트 타입(Project Type) - 프로젝트 타입은 창문 아래에 잠금장치가 있는데, 일반적으로 많이 사용하는 타입이기 때문에 그 부속품이 단순하여 가격이 저렴하고, 하자 발생이 적으며, 닫았을 때 밀폐성이 좋으나, 대부분 옆으로 긴 특성때문에 환기는 잘 안되는 단점이 있다. 계단실은 상하부 층으로 서로 통하여 있어 공기의 순환이 잘되는 편이어서 환기효과 보다는 고장이 적은 프로젝트 타입을 설치하였다.

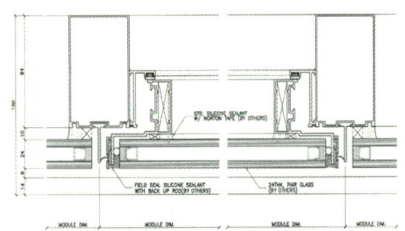

프로젝트 타입 단면상세도(좌)
프로젝트 타입은 개폐방식이 단순하여 고장률이 적고 비용이 저렴하나, 환기가 잘 안되는 단점이 있다(중,우)

케이스먼트 타입(Casement Type) - 케이스먼트 타입은 상하로 길기때문에 사무실의 환기에 유리하지만, 열고 닫을 때 창의 하중을 모두 하드웨어가 지탱하게 되므로 오래되면 하자가 많이 발생하는 문제점이 있다. 하자를 줄이기 위해서는 정첩이 설치되는 위치의 알루미늄 바 내부에 철물로 보강하여 정첩설치 피스가 보강 철물에 고정되어야 반복하중에 의한 알루미늄 바의 피스 부분 마모를 막을 수 있다. 또 창문 상하부의 암(Arm)으로 창문이 열리는 각도를 일정 폭으로 한정하여 창문이 열릴 때 충격을 줄이도

록 하였다. 또 반복사용에 의한 하자에 안정적인 외산 하드웨어를 사용하도록 계획하였다. 그런데 알루미늄 바의 제작 시 바의 형상을 외산 하드웨어에 맞도록 제작해야 하였지만, 이를 간과하고 일반 바 형상으로 알루미늄 바가 제작되었다. 현장에 알루미늄 바가 도착되고 나서야 밝혀져서 이를 해결하는 방법을 찾아야 했다. 외산 하드웨어와는 알루미늄 바의 형상이 맞지 않으니 국산 하드웨어를 설치하는 것도 생각해 보았으나, 국산과 외산 하드웨어의 차이점은 처음에는 비슷해 보이나 반복하중에 의해 성능이 떨어지는 기간에 대한 보증이 국산에서는 미비하다는 것이다. 특히 케이스먼트 타입의 하드웨어는 성능 유지 기간에 대한 보증이 확보될 필요가 있었다. 궁여지책으로 알루미늄

케이스먼트창 내부(왼쪽)과 외부(오른쪽) 모습

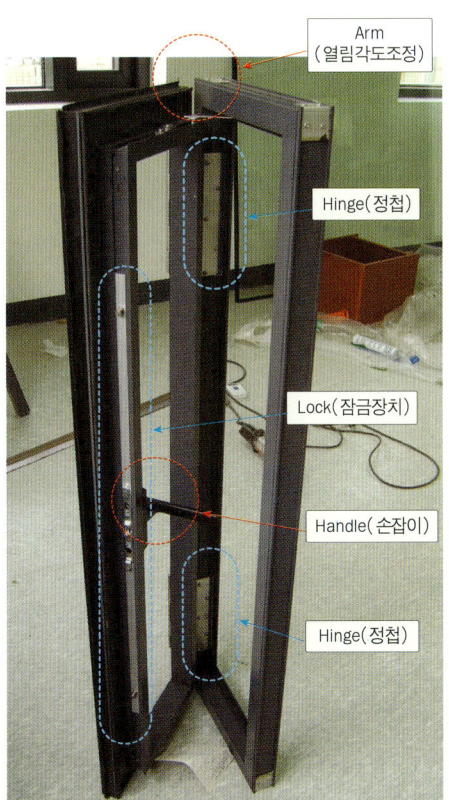
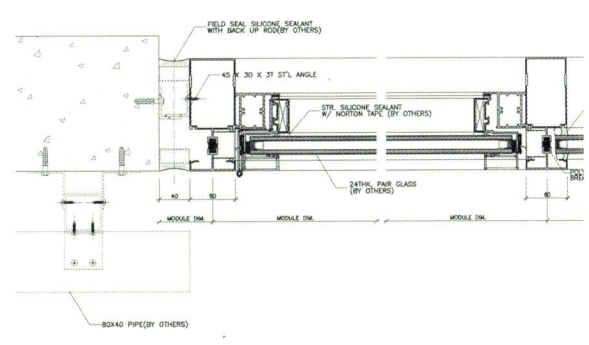

케이스먼트창의 구성부품(좌)
케이스먼트창의 단면상세도(우)

2) 독일' 지게니아' 제품(국내에서는 지게닝-아우비' 합작사에서 공급)

바의 돌출부를 일부 잘라내어 하드웨어를 조립하는 방법을 택하였다. 결국, 어렵게 맞추어 설치하기는 하였는데, 프레임이 정상적으로 설치된 것이 아니기 때문에 추후에 문제가 생길 경우 창문을 다시 만들어 설치하는 조건으로 일단 넘어가기로 하였다. 국내에 일반적으로 사용하지 않는 케이스먼트 타입에 외산 하드웨어[2]를 적용하면서 이를 알루미늄 바의 제작 시 다시한번 확인하지 않은 것이 잘못이었다.

커튼월 부분의 알루미늄바

커튼월의 구성은 주 구조부재인 수직바(Mullion)와 수직바를 수평으로 연결하는 수평바(Transom)로 이루어 진다. 그 사이에 유리도 설치되고 벤트도 설치된다. 건물에 사용된 수직바와 수평바의 타입 즉, 단면형상의 종류를 줄이는 것이 소규모 건물에서는 특히 그 제작 비용과 제작 시간을 줄이는데 도움이 된다. 그래서 우리 건물에서는 딱 세가지 바 타입만 사용했다. 하나는 숨은 바(일명 꼭지바) 타입으로 커튼월의 수직바에 사용하였다. 또 하나는 단열 성능이 요구되는 수평바와 측면 수직바에 사용된 단열바 타입이다. 마지막으로 코너의 숨은 바이다.

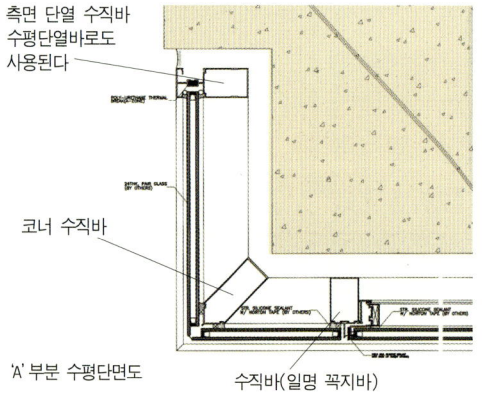

'A' 부분 수평단면도

측면 단열 수직바 수평단열바로도 사용된다
코너 수직바
수직바(일명 꼭지바)

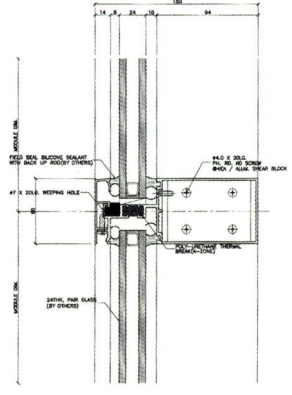

'B' 부분 수직단면도

수평선이 강조된 창문

모두 꼭지바로 통일할 수도 있겠지만 수평을 강조하는 건물의 스타일에 맞게 수평바는 돌출이 되었고 돌출된 바에는 외기를 차단하는 단열바를 사용하여야 했다. 측면의 수직바도 마찬가지이다. 유리와 유리 사이의 수직바는 양쪽의 유리로 이미 덮여져 있기 때문에 단열을 고려할 필요가 없지만 측면의 수직바는 한쪽만 유리로 덮여있고 한 쪽은 외기와 접하므로 단열바를 사용하는 것이 좋다.

업체의 선정

우리나라에서 알루미늄창호공사 업체는 크게 두 부류로 나눌 수 있다. 설계 기술력을 갖춘 업체와 시공만 하는 업체이다. 대부분은 시공만 하고 있는 실정이고, LG화학[3], 알루텍[4], 이건[5], BL공간[6] 등이 설계와 시공을 겸업하고 있다. 설계를 할 수 있다고 해도 고도의 설계기술력이 있다고 볼 수 있는 경우는 그 중에서도 몇 되지 않는다. 우리건물은 소규모라도 설계가 반드시 되어야 하는 커튼월이었기 때문에 시공만 전문으로 하는 일반창호업체에서는 하기 어려운 공사였다. 그래서 설계와 시공을 같이 할 수 있는 회사를 찾아야 했다. 설계를 먼저하고 이후에 공사를 발주하는 방법도 있겠으나, 사실은 설계만 의뢰하기에는 너무 작기도 하고 시공과 연계가 되지 않는다면 해 줄 회사가 아무도 없을 것이었다. 그래서 우리건물의 설계와 시공은 예전부터 알고 지내던 커튼월 전문가가 대표로 있는 회사가 맡게 되었다. 물론 조언도 받고 구비되어야 할 성능도 합의하고 공사비도 결정하였다. 그런데, 그때서야 커튼월의 발주가 늦었다는 사실을 알게 되었다. 커튼월 공사의 경우 설계에서부터 설치까지 전 공정에서 차질이 없다 하여도 약 2개월이 소요되는데, 커튼월 회사와 계약을 맺은 시점이 커튼월이 반입되기 1개월 전이어서 절대공기가 부족하였다. 또 물량이 적은 현장이다 보니 매 생산 공정마다 순위에서 밀렸다. 경우에 따라 알루미늄 압출공장도 찾아가고 도장 공장도 가보고, 조립공장도 가서 사정도 하고 다그치기도 했지만 공정을 줄이는 데는 실패했다.

커튼월공사는 아직까지 전문분야이므로 최소 2개월 정도의 여유

3) LG화학: www.lgchem.co.kr
4) 알루텍: www.alutek.co.kr
5) 이건: www.eagon.co.kr
6) BL공간: 02)424-3111

공사흐름도

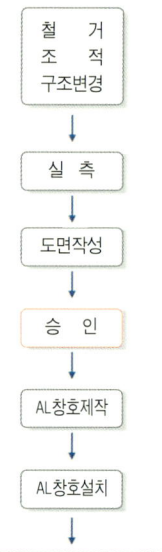

알루미늄 설치 전후 공정

시간이 있어야 설계와 공사준비 제작 등의 과정을 효율적으로 관리할 수 있다.

① 건물의 실측

계약 즉시 건물의 실측이 이루어졌다. 실측은 가장 우선적으로 이루어져야 하는 공사과정이다. 왜냐하면 실측 결과에 따라 상세설계가 이루어지고 그래야 정확한 물량을 주문할 수 있기 때문이다.

② 상세 설계 및 검토

커튼월의 설계는 전문적인 작업이어서 비전문가가 이해하는 데는 한계가 있다. 그러나 기본적인 방침인 단열바가 필요한 부분에 적용이 되었는지, 케이스먼트의 하드웨어가 외산으로 반영이 되어 있는지 등을 확인하는 정도의 검토는 해야 한다. 3일 정도 예상하였던 커튼월 도면 작성은 7일 정도 소요되었다. 작업자가 우리건물을 위해 기다리고 있다가 작업하는 것이 아니기 때문에 이 정도의 시간은 적정하였다고 인정되었고, 부재가 잘못된 부분은 수정하게 한 후 제작 발주를 하였다.

③ 부재의 제작 및 도장

상세도면에 따라 공장에서 알루미늄을 압출하고 도장하는 것은 매우 단순한 일이다. 공장을 가보기도 했지만 잘못될 일이 별로 없을 것 같았다. 다만, 밀려있는 일을 제쳐 놓고 우리 부재를 먼저 할 수 있는 상황이 아니라는 생각만 들었다.

④ 알루미늄 바의 조립

제작과 도장이 끝나면 조립공장으로 자재들이 운반된다. 단열바인 경우는 먼저 단열바 공정을 거쳐서 조립공장으로 반입된다. 여기서는 실측 치수에 맞게 부재를 절단하고, 연결 악세서리로 틀을 구성하고, 하드웨어와 가스켓 등을 조립하여 현장에서는 설치만하면 될 수 있도록 작업을 한다.

⑤ 커튼월의 수직바(Mullion Bar) 설치

커튼월의 수직바는 커튼월에 가해지는 풍하중을 본 건물 구조체(슬래브 등)에 전달하는 중요한 구조부재이다. 이 수직바를 고정하기 위하여 슬래브 윗 부분에 매립앵커를 사용할 예정이었으나,

내부 마감재와 간섭되어 슬래브 측면에서 별도로 브라켓을 설치하여 수직바를 고정하였다.

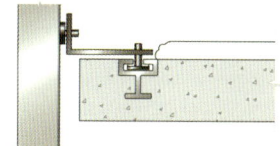

매입 앵커를 사용할 예정이었던 도면

수직바는 구조적인 기능 이외에 변형을 흡수하는 기능이 있는데, 알루미늄은 열팽창계수가 높아 사계절 동안 온도에 의한 변형이 크다. 한층의 온도변화에 의한 변형은 한 층의 높이 3m × 열팽창계수 $23.4 \times 10^{-6}/℃$ × 우리나라의 연중 온도차 50℃ = 약 3.5mm가 늘어 난다는 계산치가 나온다. 그 외에도 구조물 자체의 처짐, 풍하중 등에 의한 변위를 흡수할 수 있는 구조이어야 한다. 그런데 계단실 커튼월을 시작하면서 각 층의 높이대로 수직바를 절단한 후 양 끝을 콘크리트 슬래브에 고정하는 실수를 하고 말았다. 소규모 건물이라서 괜찮겠지 않느냐는 작업자의 의견이었으나, 변형을 제대로 대응하지 못하면 고정한 부분에 과도한 하중이 가해질 수 있고 시간이 지난 후 고정 부분에 하자가 발생할 수 있는 문제였다. 공정이 늦어지고 있었지만 재작업을 할 수 밖에 없었다. 한 층 길이의 수직바 상부를 슬리브에 고정하고 그 수직바 하부는 아래

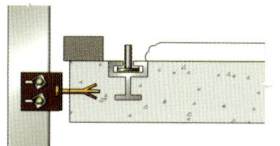

매입 앵커를 사용하지 못하여 슬래브 측면에 브라켓으로 고정한 상태

중앙수직바와 슬리브

모서리수직바와 슬리브

측면부 수직바와 슬리브

층간변위조절에 필요한 간격 유지

수직바 연결부분과 수평바 설치

층 수직바 위에 연결하되 일정 크기(약 10mm)의 유격을 두어 각 층에서 발생할 수 있는 변위를 흡수할 수 있도록 하였다. 수직부재와 수직부재의 연결에는 슬리브를 끼워 아래 수직바는 스크류로 박아 고정하고 위 수직바는 슬라이딩이 되도록 하였다. 그래서 내부의 슬리브가 틈으로 노출되는데 그 부분은 수직바와 같은 색의 코킹으로 처리하였다.

건물의 수직도 때문에 한가지 문제가 더 생겼다. 알루미늄 창호는 건물면과 최대한 붙여서 설치하였지만, 벽면과 수직바와의 간격이 5cm 이상 벌어지는 부분이 생겼다. 커버를 별도로 하거나 석고보드로 마감할 생각도 했으나, 다른 층과 마감이 현격히 달라지는 것도 문제이고, 알루미늄 시트를 덧대어 마무리를 하기에는 너무 좁은 틈이었다. 그래서 이 부분은 8cm짜리 백업재를 채워 넣고 여러 번의 실런트로 마무리 하였다. 생각보다 깔끔하게 처리되어 다행이었다.

벽과 알루미늄 창호의 틈새를 실런트로 마감한 상세

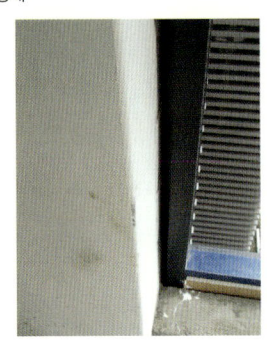

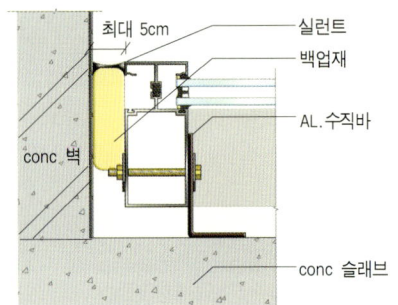

⑥ 수평바의 설치

수직바에 수평바 설치를 위한 슬리브가 이미 조립공장에서부터 취부되어 반입되므로 수평바는 간단하게 스크류 조임으로 설치하게 된다.

⑦ 유리의 설치

유리의 공정은 별도로 뒤에 언급하기로 한다.

커튼월 공사 후의 아쉬움

커튼월 공사가 전체공사 중 가장 힘든 공사였다. 커튼월 공사의 지연으로 - 물론 다른 공종의 지연도 있었겠지만 모든 것이 커튼월 공사에 묻혀 버렸다 - 전체 공기가 한달 가량 지연되었다. 입주를 앞둔 우리로서는 큰 타격이 되었다. 커튼월 공사 과정에서의 문제점을 다시 한번 분석해보면

① 기본적으로 커튼월 설계 및 제작에 소요되는 기간(2달 정도)을 파악하지 못하여 발주가 늦어졌다.
② 소규모 물량인 이유로 커튼월 공정 과정 중 어느 곳에서도 우선 처리되지 않았다.
③ 단열바, 케이스먼트 창 등 특별한 요구사항에 대한 작업자들의 이해도를 높이는 교육이 부족하였다.
④ 설계와 시공이 동시에 요구되는 소규모 건물에서는 설계기술뿐만 아니라 공사수행 능력도 필요했다.
⑤ 되도록이면 우선 설계부터하고 이를 충분히 검토한 후 공사를 발주하되 기본도면을 개선하는 안을 제출하는 조건으로 발주하는 것이 바람직할 것이다.

유리공사

유리의 기능, 그 중에서도 에너지 절약 기능은 건물에서 매우 중요한 역할을 한다. 유리창에 흔히 사용되는 복층유리의 에너지 절약 기능 즉, 단열기능이 얼마나 될까? 단열재로 많이 사용되는 스치로폴 또는 유리섬유로 환산한다면 1cm 정도에 불과하다. 중부지방의 단열재 두께 규정이 8cm인 것을 감안하면 단열에 너무 취약한 것이 유리창이다. 어떤 경우는 기본적인 규격이 아닌 가격이 저렴한 12mm 복층유리(일반판유리 3mm+공간 6mm+일반판유리 3mm)를 사용하는 경우도 있어 단열성능이 더 떨어지고 작은 충격에도 깨지는 예도 있어 복층유리의 규격을 잘 살펴볼 필요가 있다.

우리 건물에 사용한 복층유리는 내부면 6mm 일반유리+12mm

공기층 + 외부면 6mm 반강화유리로 총 24mm 복층유리를 사용하였다. 외부에 반강화유리를 사용하는 이유는 충격에도 잘 깨지지 않고 만일 깨지더라도 작은 파편으로 깨지는 성질 때문에 사람들이 다치지 않도록 하기 위함이다. 내부는 그런 사고의 확률이 적으므로 일반유리를 사용하게 된다.

일반유리를 연화점 온도 이상으로 가열한 후 급속히 냉각시키면, 유리의 열전도 차이에 의하여 유리의 표면은 급속히 경화되지만, 내부는 천천히 식어 내부에는 인장력이 발생하고 표면(외부)에는 압축력이 생긴다. 이는 힘을 받아도 인장을 흡수하게 되어 강도가 커지나, 깨지면 내부 인장력에 의해 유리가 산산조각 난다

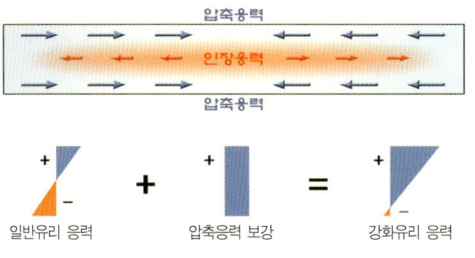

앞에서 언급하였듯이 사무실과 면한 복층유리에는 유리와 유리 사이의 공기층을 형성하기 위해 유리의 테두리에 사용되는 간봉으로 단열간봉을 사용하였다. 계단실 커튼월에는 냉난방을 하지 않으므로 단열간봉을 사용하지 않았다. 단열간봉이 일반간봉보다 가격이 두 배정도 비싸서 복층유리 전체 가격으로도 20% 정도의 가격이 상승하고, 단열간봉은 주문제작해야 하므로 제작공정도 더 걸린다. 하지만 일반적으로 사용되는 알루미늄 간봉에 비해 단열 성능 및 결로 방지 성능이 우수하여 단열간봉을 사용하였다.

일반유리는 날카로운 형상으로 깨진다(좌), 강화유리는 깨질 때 둥근 파편으로 잘게 부서진다(우)
www.hanglass.co.kr

유리의 색상도 건물의 외관 디자인에 중요한 요소이다. 물론 다양한 색상이 있고 색상에 따라서 유리의 가격도 조금 차이가 난다. 일반적으로 파랑색이 가장 비싸고, 갈색, 초록색, 투명 순으로 차이가 난다. 유리의 색이 강하면 건물의 디자인을 손상할 수도 있기 때문에 조심을 해야 했고, 우리 건물은 전체적으로 무채색 톤이어서 건물 분위기에 알맞는 투명유리을 선택했다.

스팬드럴(Spandrel) 부분의 유리

1,2층 전체면이 커튼월 즉, 유리마감이여서 2층 슬래브 옆면이 유리를 통하여 보이게 된다. 이를 보이지 않게 하기 위해서는 유리

유리의 강한 색상으로 건물과 잘 어울리지 않는다

유리종류별 비용[7]

2007년 8월 기준, 단위 : 원/m²

구분	품명	두께						비고
		5m	6m	12m	16m	18m	24m	
종류별	일반 판유리	5,800	7,500	15,000				투명유리 기준
	강화유리	11,800	15,000	30,000				
	스팬드럴유리		32,000					
	일반복층유리			12,800	16,500	19,900	23,800	
	강화복층유리				29,000	32,400	36,300	
	접합유리		34,600	45,800				
색상별	투명				16,500	19,900	23,000	
	녹색(green)				17,900	21,700	25,000	
	갈색(brown)				18,400	22,200	26,000	
	청색(blue)				19,600	23,300	26,500	
간봉	일반 간봉				5,000	5,000	10,000	
	단열 간봉				9,400	9,400	20,000	
시공비	유리 끼우기 공법	5,000	5,000	5,000	9,000	9,000	9,000	
	유리 붙이기 공법					14,000	14,000	논턴테이프적용

뒷면에 백패널(Back panel)이라고 불리는 마감재(석고보드나 합판, 철판 등)로 막기도 하고, 불투명 무늬 유리나 반사유리를 사용하기도 한다. 우리건물에는 유리의 표면을 불투명하게 처리한 스팬드럴유리를 사용하였다. 유리를 불투명하게 하는 방법은 유리표면을 세라믹코팅하는 방법이 있는데, 세라믹코팅을 위하여는 유리가 강화유리이어야 한다. 강화유리로 만들어진 스팬드럴유리는 후속공사가 필요 없이 시공이 간편하고 폐쇄된 공간에 열이 빠져 나가지 못해 발생하는 열집적파손[8]에도 성능이 우수하여 선택하게 되었다.

유리공사 순서

① 유리의 종류를 결정한다.
　이것은 유리의 제작기간이 필요하기 때문에 우선 결정하여야 한다.
② 커튼월과 개별 창호가 건물에

7) 동국유리판매 02-574-1600

8) 건축시공이야기 I 권의 p237 참조

층간에 사용된 스팬드럴 유리(좌)
스팬드럴 유리 색상의 종류(우)

1,2층 커튼월에 설치된 투명유리

설치되면 실측한다.

③ 실측 후 유리를 강화유리로 만드는 것은 적어도 일주일이 소요된다. 경우에 따라 창호 도면에 의해 강화유리를 제작하는 경우도 있는데, 커튼월 또는 창호의 틀이 건물에 설치되면서 조금이라도(폭과 길이 모두 ±3mm정도) 오차가 나면 사용할 수 없으므로 공기가 부족하여 갑갑하더라도 창호가 설치될 때까지 기다려야 한다.

④ 강화유리의 제작이 완료되면 현장에 반입하여 설치를 하면 되는데, 이때 외부비계를 이용하여 설치하는 것은 비계와 유리의 간섭 때문에 거의 불가능하다. 우리건물과 같은 소규모 건물에는 고소작업대인 스카이라고 불리우는 장비를 이용하는 것이 보통이고, 고층일 경우는 곤도라를 이용하여 설치하게 된다.

스카이 장비를 이용한 커튼월 유리 설치
(좌), 스카이장비(HR-165)작업반경
(우) www.skyelecar.co.kr

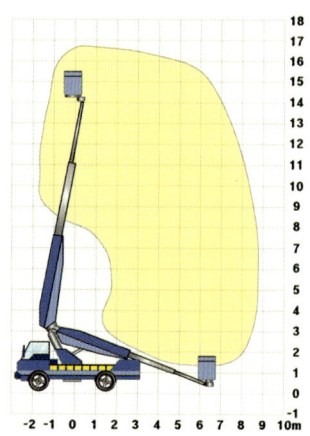

지하 별도계단실 유리

지하 별도 계단실은 전체가 알루미늄 창틀과 유리로 구성되었는데, 상부의 지붕유리가 깨지는 것에 대한 대비가 필요하였다. 처음에는 두 장의 유리사이에 접합된 필름으로 깨진 유리가 분산되지 않는 안전접합유리를 사용할 계획이었으나, 공기가 늦어져서 제작공정이 좀 더 빠르고 깨지더라도 알갱이로 분산되는 반강화복층유리를 사용하였다.

강화복층유리를 사용한 지하 계단실 상부유리- 위에서 아래로 본 사진(좌)
별도 계단실 입구(우)

창문 주위 누수

알루미늄 창호는 알루미늄 바간의 접합에 항상 틈이 있게 되고, 그 틈을 코킹으로 메워주어야 누수가 방지된다. 하지만 코킹 작업은 보이지 않는 부위까지 꼼꼼하게 해야 하는 작업자의 성실도와 경험에 의해 좌우된다. 우리 건물에는 한 여름 장마철에 창문과 조인트 부위에서 누수가 되었다.

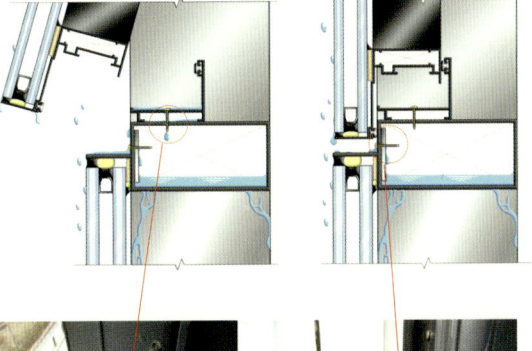

창문의 열렸을때(좌) 와 닫혔을때(우) 누수발생 이미지

누수가 되었던 프로젝트 창문을 자세히 살펴 본 후에야 원인을 발견할 수 있었는데, 창문 상부의 2mm정도의 높이 턱에 고인 빗물이 바람의 압력때문에 피스의 틈사이로 스며든 것이었다. 피스 머리 주변과 접합부위를 코킹으로 처리하여 누수를 막을 수 있었다.

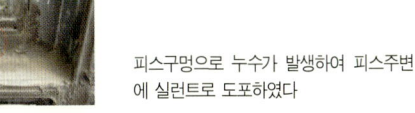

피스구멍으로 누수가 발생하여 피스주변에 실런트로 도포하였다

피스의 틈새로 발생한 창문의 누수

창호와 유리의 공사기간

공 종	3월						4월							5월
	9	13	16	20	23	27	30	3	6	10	13	17	20	24	27	3
AL.창호공사	실측	도면작성			제작						설치				
유리공사								제작	설치	제작	설치	제작	설치

커튼월 공사비 내역서

단위 : 원

항목			규격	단위	수량	단가	금액
AL.커튼월공사	직접공사비	계단실 커튼월		EA	1	8,726,320	8,726,320
		1~2층 커튼월		EA	1	8,328,760	8,328,760
		베란다 창호		EA	1	3,686,800	3,686,800
		3~4층 창호		EA	6	434,900	2,609,400
		3~4층 창호		EA	4	585,200	2,340,800
		지하 계단실 창호		EA	1	5,674,000	5,674,000
		AL.각파이프		m	2,554	6,800	17,367,200
		간판용 SST'L		EA	4	150,000	600,000
		소 계					49,333,280
	간접공사비	안전관리비		식	1	500,000	500,000
		산재보험료		식	1	1,540,407	1,540,407
		공과잡비		식	1	626,313	626,313
		소 계					2,666,720
	계						52,000,000
유리공사	직접공사비	일면반강화복층유리	t=24, 단열간봉, 1~2층	m2	129	36,000	4,644,000
		일면반강화복층유리	t=24, 지하 계단실	m2	27	29,000	783,000
		일면반강화복층유리	t=24, 단열간봉, 3~4층	m2	35	36,000	1,260,000
		일면반강화복층유리	t=24, 베란다	m2	89	29,000	2,581,000
		일면반강화복층유리	t=24, 계단실 커튼월	m2	76	29,000	2,204,000
		강화도어	t=12, 신설	EA	7	240,000	1,680,000
		강화도어	t=12, 위치이동설치	EA	2	150,000	300,000
		플래스틱창호	하이샤시	m2	46	100,000	4,600,000
		노튼테이프	6.4×10	m	324	1,800	583,200
		구조용 실런트	6.4×10	m	324	1,800	583,200
		웨더실런트	10×10	m	324	2,300	745,200
		유리끼우고 닦기	장비 포함	m2	419	9,000	3,771,000
		소 계					23,734,600
	간접공사비	안전관리비		식	1	240,000	240,000
		산재보험료		식	1	1,143,400	642,000
		공과잡비		식	1	383,400	383,400
		소 계					1,265,400
	계						25,000,000
총 계							77,000,000

내장공사

다기능 인력

  리모델링 공사에서 조적, 미장, 방수, 타일 공사와 같은 공종들은 워낙 물량이 적어서 여러 공종으로 구분해서 공사하기 곤란한 경우가 많다. 그래서 다공종 기능을 갖고 있는 인력이 필요하다. 예를 들자면 오전에는 지하층에서 조적을 쌓고 오후에는 화장실 방수와 타일을 붙이는 다기능을 할 수 있는 그런 인력이 리모델링 공사에서는 적합하다는 이야기이다.

  가끔 우리회사 홈페이지에 들어와서 건설기술의 발전에 좋은 글을 남기기도 하고 때때로 방문하여 토론도 했던 자칭 미쟁이 사장님[1]이 우리건물의 내장공사를 맡아주었다. 다공종 기능자를 많이 보유하고 있어 우리건물의 소규모 일들을 잘 수행해 주었다. 초기에는 공사범위를 정하고 시작했지만, 공사를 진행하면서 일을 좀 더 잘 해보고자 하는 마음이 서로 잘 맞았고 소소한 부분까지 실질적인 아이디어로 많은 것을 해결해 주어 거의 같이 일을 수행하는 직영공사처럼 공사가 진행되었다.

1) 누리앤미 032)675-1498

조적공사

  조적공사는 건물 모서리의 원형이었던 부분을 직각으로 구조변경한 부분과, 3,4층의 긴 창을 몇 개로 나누면서 그 중간을 막는 부분, 그리고 옥상의 난간 부분, 화장실 추가 부분 등이었다. 재료로 사용되는 시멘트벽돌은 아주 싸고 양에 관계없이 어디서든지 공급이 가능한 자재이기 때문에 리모델링에서는 아주 유용하게 사용되는 자재이다. 그래서 처음에는 예정된 전체 물량을 산출하여 생산공장에 자재를 신청하였는데, 공사 중에 추가되는 벽돌은 양이 적어 근처 자재 소매점을 이용하다 보니 가격을 비싸게 지불하

2) 일반적으로 벽돌 1장 쌓는 단가는 90~100원 정도이나, 땜방공사가 많아 인건비가 상승되었다

시멘트벽돌 공사비

단위 : 원/매

구 분		단 가	비 고
시멘트벽돌	공장 구입	50	2만장이상, 운반비 포함
	소매 구입	100	운반비 포함
인 건 비		200[2]	

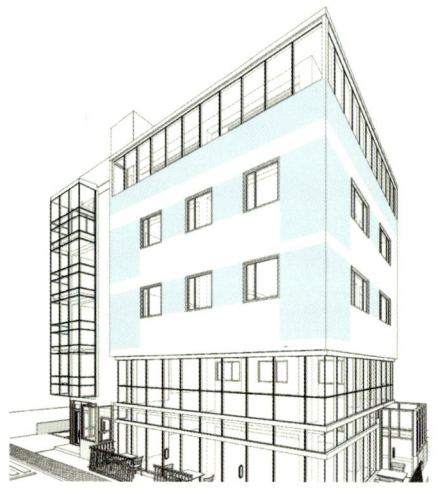

: 새로 쌓아야 할 조적벽체 부위

3) 대륭공업 www.daeryong.com

기존 벽체와 바닥에는 보강철물을 사용하여 접합부의 균열을 방지하고, 조적벽 외측면에 수팽창 코킹재를 시공하여 만일의 누수에도 보완하였다

기도 하였다.

 조적공사를 하면서 신경을 썼던 부분은 두 가지이다. 하나는 기존의 건물과 긴결이 잘 될 수 있도록 기존 벽돌 및 슬래브에 보강 철물을 사용하는 것이었고, 또 하나는 외부와 면하는 모든 조적벽 부분에 수팽창 코킹재를 사용하는 것이었다. 이는 긴결재를 사용했다고 하더라도 시간이 지남에 따라 연결부에 균열이 발생하고 그 틈으로 누수가 될 수 있다는 우려때문이었다. 수팽창 코킹재[3]는 물과 만나면 부피가 팽창하는 성질이 있어 외부 쪽으로 설치하면 외부에서부터 침입하는 누수를 차단할수 있다.

새로 쌓고 있는 조적벽체

110 건축기술과 리모델링

미장공사

　미장은 모래와 시멘트를 사용하지 않고 레미탈을 사용하기로 하였다. 레미탈은 시멘트와 모래가 건비빔되어 한 포 단위로 포장되어 있어서 물만 있으면 손쉽게 사용할 수 있고, 자재의 손실도 적으며 현장을 깨끗하게 관리할 수 있고 필요할 때마다 구매하기가 손쉬운 장점이 있다. 모래와 시멘트를 따로 구입하여 사용하면 비용은 조금 저렴할지 몰라도 좁은 현장에서는 모래를 쌓아둘 곳도 없고, 모래를 조금씩 소매점에서 구입하면 25,000원/m^3으로 싼 비용이 아니다.

바닥미장 자재비교　　　　　　　　　　　단위 : 24mm기준, m^2당

구 분	단 위	모르터			레미탈			모래,시멘트		
		수량	단가	금액	수량	단가	금액	수량	단가	금액
모르터	m^3	0.024	43,800	1,051						
레미탈	포				1.7	3,500	5,950			
모래	m^3							0.0264	25,000	660
시멘트	포							0.306	5,000	1,530
계				1,051			5,950			2,190

　5층 온돌을 철거한 부분의 바닥 미장은 레미콘 공장에서 모르터를 구입하여 소형 펌프카로 타설하였다. 이때 앞에서 설명을 하였던 3군데 구조변경한 부분도 모두 같이 타설을 하였다. 총 30m^3를 신청하여 사용하여 바닥미장이 있는 부분은 모두 다 하루에 해결하였다.

　미장공사를 하면서 주의 하였던 사항은 바탕처리였다. 특히, 바닥 미장은 모르터가 건조수축하면서 균열이 발생하고 균열이 조금씩 커지면 바닥과 분리되어 퉁퉁거리는 미장이 들뜨는 하자가 발생한다. 이를 해결하기 위한 근본적인 대책은 건조수축을 제어[4]하는 것이지만 물량이 적은 경우에 할 수 있는 방법은 바닥의 접착력을 증대 시키는 방법이다. 균열이 발생한다 해도 바닥에서 떨어지지 않으면 들뜨지는 않을 것이기 때문이다. 바닥의 부착력 증대를 위하여 바닥의 먼지와 쓰레기를 청소하고, 물을 뿌려 모르터의 수

4) 건축시공이야기 l 권 p178 '미장균열 제어' 참조

분이 손실되지 않도록 조치한 후, 모르터 타설 전에는 접착제를 뿌리고 어느 정도 꾸득꾸득해진 다음 모르터를 타설하였다.

미장에 사용되는 접착제는 종류가 다양하지만, 몰다인[5]과 메토칠[6]이라는 제품이 많이 사용되고 있다. 우리건물의 경우 공장 모르터를 시용한 5층 바닥에는 몰다인을 액상(몰다인:물=1:2)으로 바탕면에 발라서 사용하였고, 계단실의 바닥처럼 레미탈을 인력비빔한 경우에는 분말형태의 메토칠을 시멘트 한 포당 메토칠 1/2~1포 정도로 섞은 혼합분말을 뿌려주었다.

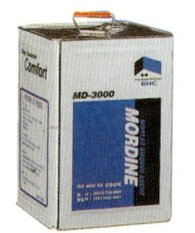

미장 접착제인 몰다인과 메토칠

5) ㈜범우 www.bomwoo.co.kr
6) 국제케미칼 www.kuk-je21.co.kr

부착성 향상을 위한 표면 거칠게 하기

접착제인 메토칠을 뿌리기

5층 바닥미장 모르터 타설

5층 바닥 습윤양생

새로 쌓은 외부 조적벽체(좌), 그 위의 미장 마감(중), 5층 베란다 난간 벽체 미장(우)

내부단열공사

　외기와 면하는 지상 층의 모든 외벽은 내부에 단열공사를 하였다. 작업은 간단하다. ①벽의 상하부에 수평으로 런너를 설치하고 ②런너 사이에 수직으로 스터드를 설치한 후 ③단열재를 스터드 사이에 충진하고 ④그 위에 석고보드를 설치한 후 ⑤퍼터로 석고보드 틈을 메운 다음 ⑥도장하는 것으로 일이 완료된다. 여기서 단열벽 하부에 나중에 설명할 전기 트레이를 설치 하기 위해 15cm를 띄워 런너를 설치하였다. 스터드와 석고보드 작업은 절단과 고정이 쉬워 어려운 일이 아니었으나 단열재 설치에서 문제가 생겼다. 1층은 스치로폴로 작업을 하였으나 'ㄷ'형태의 스터드 내부에 스치로폴이 비어있는 부분에는 우레탄 폼으로 채우는 등 애를 먹어, 2층 부터는 유리섬유(Glass wool)로 바꾸어 설치하였다. 작업 시 따끔거리기는 하지만 벽면에 밀실하게 채워질 수 있고 단열효과도 좋은 자재이다.

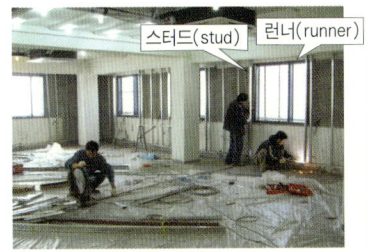
런너와 스터디 설치

1층에는 스치로폴을 설치하고 틈새에는 우레탄폼 충진

단열공사비　　　　　　　　단위 : 원/m²

구 분	단 가		
	재료비	인건비	계
경량철골	9,000	6,000	15,000
석고보드	5,000	3,000	9,000
유리섬유	3,000	4,000	7,000
계	17,000	13,000	30,000

2층부터는 유리섬유 설치

석고보드와 플라스틱 창호 설치

퍼티작업

문틀 주위에는 우레탄폼으로 메우고 미장으로 마무리하였다

단열효과를 높이기 위하여 내부로 돌출된 기둥과 단열벽체 사이의 작은 틈과 조적벽체와 창호 주위에도 우레탄폼으로 충진하였다.

화장실공사

건물에서 화장실을 보면 그 회사의 수준을 알 수 있다고 한다. 화장실은 사용이 편리하고 깨끗해야 한다. 우리 건물에서는 화장실에 신경을 많이 썼다. 우선 두 곳을 신설하였고, 계단참에 화장실이 있기 때문에 격층으로 남녀 화장실을 구분하여도 반층만 올라가거나 내려가면 이용할 수 있도록 배치하였다.

기존의 화장실 타일과 위생도기 등이 너무 낡아서 화장실 전체를 새것으로 바꾸고 수리하기로 하였다. 바닥의 누수가 염려되어 기존의 바닥타일과 방수층을 들어내고 1차로 시멘트 액체방수를 시공한 후 담수 시험을 거쳐 누수가 발생하지 않은 것을 확인하고, 2차로 도막방수를 추가하였다. 도막방수를 추가한 이유는 만일에 발생할 수 있는 시멘트 액체 방수층 하자를 이중으로 막기 위한 조치였다.

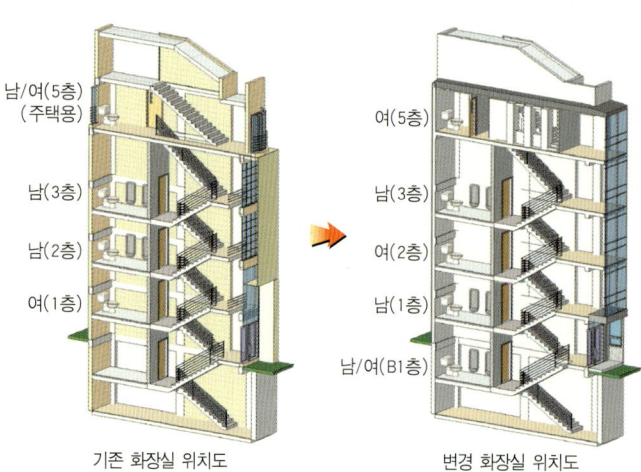

기존 화장실 위치도 → 변경 화장실 위치도

슬리브 주위 방수

시멘트 액체 방수

코너부위 우레탄 도막 방수

전체 우레탄 도막 방수

벽타일[7]은 기존 타일을 철거하는 비용과 그 폐기물의 처리비도 적지 않아 본드를 이용하여 타일을 그 위에 추가로 붙이는 접착공법을 택했다. 접착공법은 유기질 접착제[8] (아조픽스)라 장기적으로는 물에 희석될 수 있어 물을 많이 사용하는 부위인 수영장, 목욕탕 등에는 적합하지 않은 방법이다. 사무실 화장실은 물을 많이 사용하지 않으므로 박리 등의 하자는 없을 것으로 생각되었다.

화장실 공사비 단위 : 원/m²

항 목	단 가	비 고
방수공사	17,000	액체방수+도막방수
타일공사	19,600	벽 : 도기질타일(본드붙임) 바닥 : 자기질타일(모르터붙임)
천정공사	18,000	아미텍스 마감
창호공사	137,000	목재문(2.1×0.8) 230,000원/개
칸막이공사	50,000	큐비클칸막이
위생도기류	123,000	화장실 바닥면적당

7) 동서타일 02)415-6257
8) 정한 www.ejunghan.co.kr
아크릴에멀젼 타입으로 간헐적으로 물의 영향을 받는 화장실·욕실 벽면에 사용하는 용도로써 도포가 용이하고, 접착력이 우수하다.
상시 물에 접촉되는 수영장 등에는 에폭시 수지계 타입의 접착제를 사용하거나 습식공법을 사용하도록 한다

기존 타일면에 본드 칠하기

벽 타일 붙이기

코너는 타일 온장 또는 1/2이상의 타일이 붙여질 수 있도록 타일 나누기를 한다

타일 자르기

바닥 구배용 모르터 시공

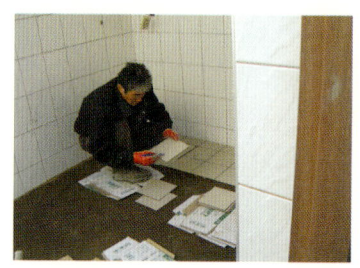
바닥 타일 붙이기

타일 줄눈 넣기

원 건물의 화장실

리모델링 후 화장실

문틀공사

강화도어라고 부르는 문은 일반적으로 강화유리를 문짝으로 하고 스테인레스로 틀을 형성하는 출입문을 일컫는다. 강화도어의 고정은 그 하부에 강화도어의 하중을 지지해주고 열리고 닫힐 때 속도를 조정하는 플로어 힌지와 그 상부는 문이 전도되지 않도록 고정하는 핀으로 이루어 진다. 강화도어의 상부 고정방법은 두가지가 있는데, 하나는 강화도어 바로 상부에 스테인리스 프레임이 있고 강화도어에도 상부에 스테인리스 틀을 두어 틀에 설치된 핀이 프레임에 고정되어 잡아주는 형식이고, 또 하나는 가네모네 형식[9]으로 스테인리스 프레임 없이 도어의 상부에 고정된 강화유리를 설치하고 강화도어와 고정된 강화유리에 작은 스테인리스 판을 설치하여

9) 핀타입 스테인레스 프레임과 제작 비용은 동일 하다

가네모네 힌지

이 판에 설치된 핀을 상부 판에 고정하는 형식이다. 가네모네 힌지를 사용하는 형식은 출입구 유리의 면적을 넓게 하여 개방감을 느끼게 할 수 있는 장점이 있으나, 충격에 약한 단점이 있다.

강화도어를 알루미늄 프레임에 고정하는 것은 괜찮을까? 사용 빈도가 적으면 괜찮겠지만 출입이 잦은 출입문이라면 알루미늄틀은 강성이 부족하므로 별도의 보강이 필요하다. 왜냐하면 오랫 동안 반복하중이 가해지면 힌지와 맞닿는 부분이 마모되어 헐거워질 것이기 때문이다. 1,2층 커튼월의 1층 출입문의 경우도 원래는 알루미늄 창틀 제작 시 알루미늄 바 내부에 철제 프레임으로 보강을 하기로 하였으나, 보강 부분이 누락되어 있었다. 다시 공장을 갔다가 오기에는 공기가 부족하여 그 보완책으로 알루미늄 바 위에 스테인리스 플레이트로 한 겹 덧씌우는 보강 방법을 택하였다.

플로어 힌지

1층 출입문은 알루미늄 후레임 위에 스테인리스 판으로 감싸서 보강하였다.

철제문들의 경우는 철재 프레임에 피봇 힌지가 있어 바닥의 플로우 힌지는 필요하지 않다. 주의할 부분은 프레임의 내부가 비어 있어 이것을 채워야 강성이 좋아져 문짝의 충격에도 견고하게 잡아 줄 수 있다. 채우는 것을 그냥 일반 모르터로 할 경우 결로의 발생 등 에너지 절약에 문제가 될 수 있어 단열성이 있는 재료로 - 보통 건비빔한 모르터에 스치로폴 알갱이를 혼합하여 쓴다 - 충진하였다. 이 모르터가 굳은 후에 문틀을 설치하고, 벽체와 틈새는 외부와 접하는 경우는 우레탄 폼, 내부의 경우는 모르터로 충진한다. 철재 문틀의 하부는 보통 스테인리스 철판으로 문턱(Door Sill)을 두는데, 이 부분도 모르터로 충진하여 찌그러짐을 방지하고 양생될 동안은 합판이나 철판 등으로 보양하여야 한다.

문틀 내부에는 단열성 있는 재료를 충진하여 냉교(Cold bridge)가 생기지 않도록 한다

스테인리스 Door Sill이 작업 중에 찌그러지지 않도록 보양한다

내장공사 117

건축기술지침(대한건축학회·발행)에서 인용

힌지의 종류

	종류	설명
1	Butt Hinge	출입문에 일반적으로 쓰이는 정첩
2	Pivot Hinge	무거운 철문의 상하부에 설치되는 Hinge
3	Intermediate Hinge	방화문의 가운데를 보강하기 위하여 Pivot Hinge와 함께 사용된다
4	Spring Hinge	축에 스프링이 내장되어 항상 닫히는 힘이 주어지는 Hinge
5	Raised Barrel Hinge	문틀 부위에 설치공간이 없을 때 적용되는 Hinge
6	Concealed(Invisible) Hinge	매립형 Hinge
7	Continuous Hinge	문 상부에서 하부까지 연속적으로 설치되는 Hinge
8	Floor Hinge	주로 강화유리문 하부 바닥에 매립하여 작용하는 Hinge로 힌지와 Closer의 기능을 하며, 경우에 따라서는 상부 문틀에 매립되어 문이 매달리는 형태로 설치되는 타입도 있다.
9	Auto Hinge	바닥과 문속에 매립된 Pivot Hinge의 일종으로 문의 닫힘 속도를 조정한다.
10	Patch Fitting (가네모네 힌지)	유리문틀 없이 최소로 고정할 수 있는 Hinge

Butt Hinge   Pivot Hinge   Intermediate Hinge   Concealed Hinge

Floor Hinge(Floor Type과 Overhead Type)   Auto Hinge   Patch Hinge

계단과 난간

원 건물의 계단 위에 설치되었던 목재 마감재를 철거하고 나니 계단실 바닥에 문경석이 나타났다. 문경석은 색도 좋고 상태도 양호하여 그대로 사용하기로 하였다. 하지만 물갈기로 마감되어 있었기 때문에 미끄러질 염려가 높아서 계단판에 논슬립을 설치해야만 했다. 이미 시공된 계단판에 적합한 논슬립을 설치하기에는 달리 마땅한 방법이 없어서, 논슬립 테이프(3M 제품- 50mm폭에 18m길이 한롤 26,000원-검은색, 34,000원-칼라)를 붙였다.

합판과 목재로 덮여 씌워진 벽과 바닥을 뜯어내고 화강석 계단판에 스테인리스 핸드레일을 설치하였다

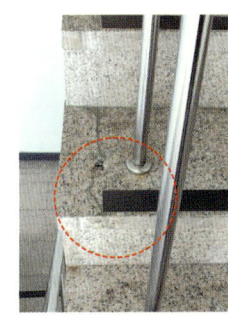

화강석 계단판에 논슬립을 설치하는 간편한 방법은 논슬립 테이프를 붙이는 것이다(좌)
철거중 깨진 계단석재는 에폭시로 붙여서 재사용하였다(우)

천정 마감공사

우리 건물의 한 층 높이 즉, 층고는 3m밖에 되지 않았다. 콘크리트 보의 크기가 50cm이므로 그 하부에 천정을 할 경우 사무실의 천정 높이가 최대 2.3m 정도 밖에 되지 않는 너무 답답한 사무실 공간이 된다. 아파트와 같은 주거 공간이면 면적이 넓지 않아 문제가 없겠지만 사무실은 넓은 공간으로 쓰기 때문에 문제가 될 수 있다. 좋은 방법은 없을까?

한 방법으로 천정을 두지 않되, 보를 따라 합판을 설치하고 합판 위에 형광등을 설치하여 간접 및 직접 조명 방식의 천정을 설치하는 것이다. 하지만 이 방식은 간접조명으로 인하여 조도가 떨어지고, 별도의 마감 비용이 추가되는 단점이 있다.

두 번째 방법으로는, 콘크리트의 슬래브를 노출하고, 견출 또는

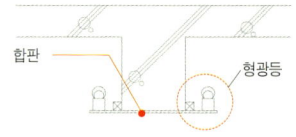

간접조명 천정 방안

미장만으로 처리하는 방법이다. 노출콘크리트의 효과를 기대하는 방식이었지만, 천정을 뜯어보니 마감상태가 가관이 아니었다. 도저히 노출로 할 수 없을 정도의 콘크리트 마감 상태였다.

기존 콘크리트 슬래브 마감 상태

10) 효인산업 www.hyoinind.co.kr

최종적으로 결정한 방법은 흡음과 단열 효과가 있는 하이단열몰탈[10]이라는 뿜칠제를 뿌리는 것이다. 그동안 많은 뿜칠 공법들이 개발되었으나 오염과 박락으로 인해 대부분 실패를 하였었다. 이런 우려에 대하여 기 시공한 현장들을 조사하였고, 우리건물의 지하층에 시험 시공도 하여 이상이 없는 것으로 판단하였다. 또 강도가 약해서 쉽게 부서지고, 흡수력이 좋아 수분에 취약하지만, 사무실 천정 환경은 사람의 손에 닿지 않고, 물에 접촉되는 부위도 아니라서 적합한 자재로 여겨졌다. 비용도 6,000~7,000원/㎡로 저렴하였으며 별도의 도장이 필요 없다는 것도 장점 중의 하나였다.

그런데 바탕면인 슬래브의 면이 너무 좋지 않아서, 제대로 면을 잡기 위해 초벌 미장을 하였는데, 전체 천정면의 70% 정도를 8,000원/㎡의 비용으로 조치하였다. 결국 초벌 미장을 포함하여 하이단열몰탈 시공비는 12,000원/㎡이 되었다. 1,2층을 제외한 지하층과 3~5층 4개층의 천정을 바탕처리미장을 포함해서 4명이 5일만에 마무리할 수 있었다.

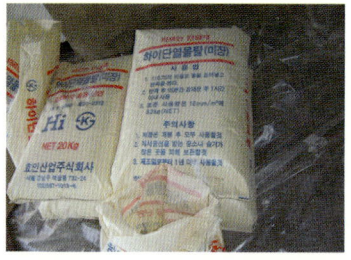

하이단열몰탈

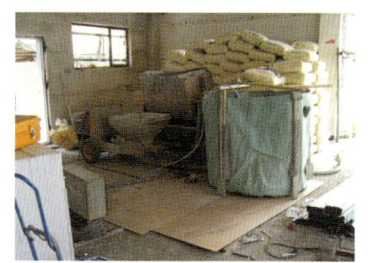

교반 작업-하이단열몰탈+석고+물

바탕면처리(슬래브)

바탕면처리(보)

바탕면처리(벽)

면고르기

보양

1차 뿜칠

뿜칠면 정리 후 2차 뿜칠 완료

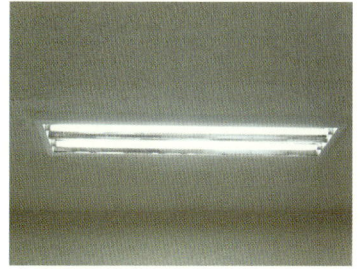
전등주변 뿜칠 추가

하이단열몰탈 공사 금액 단위 : 원

구 분	단위	수량	재료비 단가	재료비 금액	노무비 단가	노무비 금액	금 액 단가	금 액 금액
초벌미장	m²	535	2,750	1,471,250	5,000	2,675,000	7,750	4,146,250
하이단열몰탈 뿜칠	m²	713	2,750	1,960,750	4,000	2,852,000	6,750	4,812,750
계				3,432,999		5,527,000		8,959,000

1,2층 사무실, 전층의 계단실 및 화장실 천정공사 비용 단위 : 원

구 분	단위	수량	재료비 단가	재료비 금액	노무비 단가	노무비 금액	금 액 단가	금 액 금액
1. 계단실 증축								
천정설치(M-Bar)	m²	43.5	4,000	174,000	9,000	391,500	13,000	565,500
석고보드	m²	48.6	2,000	97,200	2,0000	97,200	4,000	194,400
단차천정	m	10.9	21,500	232,200	7,000	75,600	28,500	307,800
소계				503,400		564,300		1,067700
2. 1층 사무실								
천정설치(M-Bar)	m²	139	4,000	556,000	9,000	1,251,000	13,000	1,807,000
아미텍스	m²	134	4,000	536,000	2,000	268,000	6,000	804,000
석고보드	m²	12	2,000	24,000	2,000	24,000	4,000	48,000
AL. 몰딩	m	51	1,200	61,200	800	40,800	2,000	102,000
3. 지하, 2~5층 사무실 증축								
천정설치(M-Bar)	m²	40.32	4,800	193,536	9,000	362,880	13,800	556,416
석고보드		44.35	2,000	88,700	2,000	88,700	4,000	177,400
발코니 천정(단열 포함)	m²	31.92	12,500	399,000	12,000	383,040	24,500	782,040
AL.몰딩	m	162	1,200	194,400	800	129,600	2,000	324,000
소계				875,636		964,220		1,839,856
4. 화장실 천정								
천정설치(M-Bar)	m²	41.99	4,000	167,960	9,000	377,910	13,000	545,870
아미텍스	m²	40	4,000	160,000	2,000	80,000	6,000	240,000
석고보드	m²	6.1	2,000	12,200	2,000	12,200	4,000	24,400
AL몰딩	m	61.48	1,200	73,776	800	49.184	2,000	122,960
소계				413,936		519,294		933,230
계				2,970,172		3,631,614		6,601,786

그 외의 공사비용

단위 : 원/m²

공 종	품 명	단 가
도장공사[11]	수성페인트(외벽)	5,000
	수성페인트(내벽)	2,000
	수성페인트(천정)	3,000
	유성페인트(철부)	5,000
	유성페인트(옥부)	7,000
	석고보드 퍼티	5,500
	우레탄도장(바닥)	25,000
바닥마감재[12]	비닐계타일(300×300)깔기 및 광내기	25,000원/평
	데코타일(450×450)깔기 및 광내기	40,000원/평

11) 윤도건업 02)464-6851

12) 대일 02)475-8001

그 외의 마감공사

사무실의 기존 바닥 마감재 상태가 양호한 부분은 그대로 사용하고(좌), 보수해야 되는 부분과 일부 신설한 부분은 색상과 디자인이 유사한 마감재로 보수하였다(우)

바닥상태가 양호하지 않은 지하층, 2,3,5층의 사무실 바닥은 가격이 저렴하고 내구성이 좋은 무석면비닐타일(디럭스타일)을 깔았다. 2층의 바닥 시공전경(좌), 시공완료(우)

면적이 늘어난 계단참 부위는 기존의 화강석과 문양이 유사한 석재무늬 데코타일을 깔았다. 시공전경(좌), 질감 근접 사진(우), ○는 커튼월과 바닥의 경계를 마무리할 수 있도록 경량인방을 사용하여 장식용 몰딩으로 활용하였다

확장된 계단실 2층 부분은 휴게공간이 되었으며(좌), 4층은 사무실 앞 공간으로서 화분을 놓는 공간으로 활용되었다(우)

옥탑방으로 올라가는 통로인 복도(좌)와 계단(우)의 바닥은 방수성이 우수한 우레탄을 도장하여 옥탑을 통한 만일의 누수에도 대비하였다

전기설비공사

안정적인 전기 공급하기

  우리나라의 모든 전력은 한국전력에서 공급하고 있는데 건물의 규모에 따라 공급하는 전력량을 달리 정하고 있다. 물론 공급 전력량의 규모에 따라 사용금액도 단계별로 다르다. 사용량 뿐만아니라 공급되는 전력의 규모에 따른 최초의 전기 공급 비용을 달리 지불해야 한다. 그래서 필요한 전기량보다 적은 전력량을 받아서 차단기가 자꾸 떨어지는 것도 문제지만, 쓰지도 않으면서 많은 전력을 확보하는 것은 비용적으로 낭비가 된다. 이것이 적절한 사용 전력량을 잘 산출해야 하는 이유이다. 공사를 진행하면서 기존의 공급되는 전력량을 조사해 보니 52kw에 불과하였다. 이것은 우리회사만 사용하여도 모자라는 전력량이다. 근래에는 컴퓨터와 전자기기 그리고 냉난방을 전기로 하는 경우가 많기 때문에 사무실의 경우에는 평당 0.5kw 전후를 기본 전력량으로 본다고 한다.[1] 우리 건물의 경우는 지하까지 총 6개 층이고 한 층당 50평, 그러니까 300평이 되어 총 150kw가 필요하다는 말이다.

  사용되는 전력량을 개략적으로 산출해 보았다.

1. 냉난방 시스템	층당 9.0 kw×6개층	54.0 kw
2. 엘리베이터		7.5 kw
3. 펌프 & 보일러		1.5 kw
4. 컴퓨터 & 프린터	60대×0.45 kw	27.0 kw
5. 전등 & 전열기구	층당 3 kw×6개층	18.0 kw
6. 간판		3.0 kw
	계	111.0 kw

  이렇게 계산하여도 평당 계산한 kw 수와 얼추 비슷하다. 이런

[1] 한일전력 박주영 이사 02)821-8233

2) 역률이란 입력되는 전력중에서 실제로 사용되는 전력의 비로써 역률이 나쁘면 전력손실이 많다는 의미다. 특히 모터, 용접기 등은 역률이 낮으며, 기준 역률(90%)에 미달되는 경우에는 매월 전기요금청구시 미달되는 매1%에 대하여 기본요금이 1% 가산요금으로 청구된다.

3) 전기사업법 제2조, 동 시행규칙 제40조, 제45조
75kw이상 : 전기안전관리대행자 선임
150kw이상 : 전기안전관리자 선임하고 자체 변전실을 두어야 함.
1000kw이상 : 전기관련 기술자와 전기안전관리자 상주

전력량의 계산은 전문적인 방법으로 계산해야 하지만 개략적인 계산은 이와 같이 쉽게 산정해 볼 수 있다. 우리 건물에는 전기기술자가 역률[2] 계산까지 하여 110kw로 전력량을 신청하였다. 110kw를 신청했다는 의미는 조사한 전력을 동시에 모두 사용한다는 것이 아니라 70%정도를 사용하는 것으로 보고 30% 정도는 여유있게 신청한 것이 된다. 전기인입비용은 400만원(70,400원/kw)으로 신고 시 지불하였다. 만약 150kw 이상이면 전기안전관리자[3]가 건물에 근무해야 하는 관리상의 문제도 발생한다.

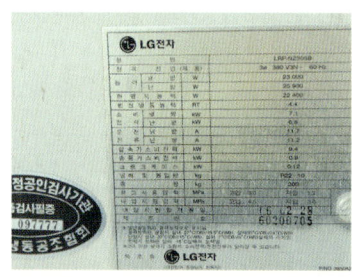 

전열 기기에 표시된 전력량을 참조하여 개략적인 전체 전력량을 산출할 수도 있다

내부의 전기선은 안전한가?

4) 가공 선로을 받치는 자재 - 경우에 따라서는 지중으로 전선이 설치되므로 그 때는 지중선이됨

신청한 전력을 건물까지 끌어오는 것은 한국전력(해당 지점)에서 전력을 받기 1개월 전에 신청하면 근처 전주[4]에서 끌어 쓸 수 있게 해준다. 그 지역의 전력이 충분하면 그대로 끌어 쓰면 되지만 부족할 경우는 한국전력에서 부담하여 더 큰 전력을 신설한다. 전주에서 건물의 주 배전반(Main Control Panel)까지는 건축주가 공사를 하여야 한다. 우리건물에서는 증설되는 전선이 기존에 사용하였던 인입배관보다 굵다 보니 기존에 지중에서 연결되었던 배관을 사용할 수 없었다. 새로 인입 배관 공사를 하자니, 도로굴착 허가를 내서 도로를 굴착하든지, 다른 방법으로는 건물의 옥상으로 수용해야 하는데 모두 쉽지 않은 일이었다. 그래서 건물의 뒷편에서 인입 위치를 바꾸고 벽에 구멍을 뚫어서 1층 천정 속으로 배선을 하여 계단에 설치된 주 배전반까지 선을 인입하는 비교적 쉬운 방법을 선택하였다.

전기증설을 요청하면 한전에서 인근 전주까지 책임지고, 건물 인입 및 배전, 배선 공사는 건물주가 시행한다. ①전기증설작업(좌) ②배선 인입을 위한 코어링(중) ③주배전반 설치작업(우)

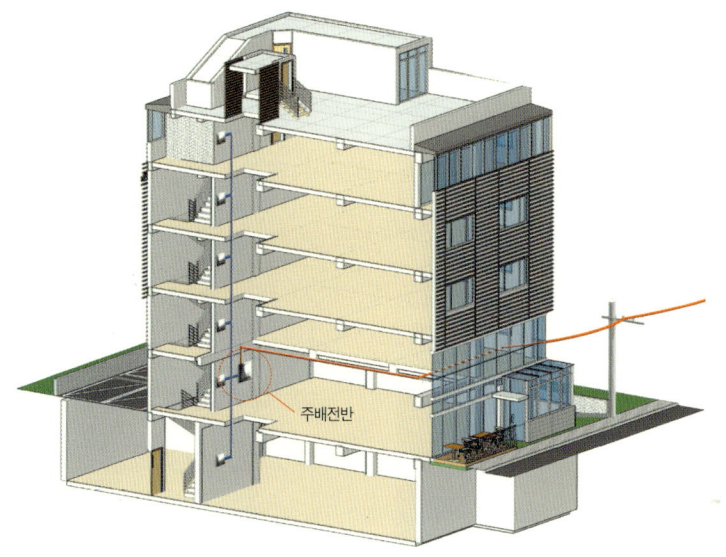

지중인입이 번거로와서 전주에서 건물의 뒤를 통해 건물로 들어오고, 1층 천정을 거쳐 주배전반까지 인입하였다

    그 다음은 주배전반에서 각 층으로 가는 전기선 또, 각 전등과 콘센트로 가는 전선이 적정한지를 확인할 필요가 있다. 기존의 전선이 사용 가능한 굵기로 되어 있다면 그대로 사용할 수 있다. 전선은 구리선으로 되어 있기 때문에 오래되어도 녹이 발생하는 등의 문제는 없기 때문이다. 그러나 내부의 전기선을 조사한 결과 전기선의 굵기가 터무니 없이 부족하였다. 예를 들어 주배전반에서 각 층의 분전반으로 연결하는 선은 적어도 15kw를 소화해야 하므로 24㎟ 즉, Ø5.5mm×4선 정도이어야 한다고 한다. 원 건물의 전선은 Ø5.5mm×2선 정도여서 그대로 사용하였다가는 용량부족으로 과열하여 화재의 위험도 있게 된다. 그래서 건물내의 모든 전

선은 안전을 위하여 교체하기로 하였고, 증설과 과부하를 대비하여 각 층의 분전반으로 가는 전선은 계산된 것보다 더 굵은 난연성 Ø8.0mm×4선(TFR CV8SQ/1C)을 사용하였다. 이는 25kw/50A 정도에도 끄떡없는 굵기이다.

전등설치공사

일부의 천정은 그대로 사용하였지만 대부분의 천정은 철거를 하였기 때문에 전등설계를 다시 할 수 밖에 없었다. 도면을 많이 봐야 하는 회사의 특징상 사무실은 밝은 조도로 설계를 하였다. 사무실에는 천정 마감이 뿜칠재였기 때문에 돌출되지 않는 슬림형 삼파장 형광등(FL-32W)을 설치하였고 복도와 화장실 천정에는 삼파장 전구(EL-60W)를 설치하였다. 삼파장 전구(6,000~7,000원/개)는 일반전구(700원/개)에 비하여 가격이 10배 정도로 비싸지만, 수명은 10배, 밝기는 3~5배. 전력소비량은 1/5 정도로 2년 이상 사용할 경우에는 일반 전구보다 경제성이 좋다.[5]

5) MS라이팅, 유경재 과장
www.mslighting.co.kr

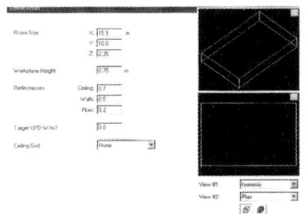
조도계산을 하여 실내의 적정 밝기에 맞는 전등의 종류와 수량을 선택한다

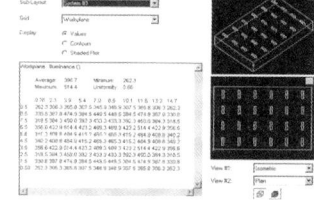

뿜칠을 먼저 하고, 일반 노출형 형광등(두께 10cm)을 설치할 예정이었으나, 전기업체에서 추천한 두께가 4cm인 슬림형 형광등을 보니, 우리 사무실에 제격이었다. 그러나 하이단열몰탈을 뿜칠한

사무실 천정에 설치된 슬림형 형광등

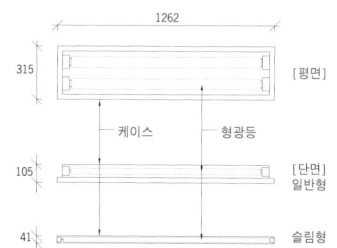
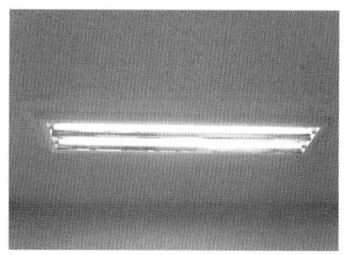

후에 설치하다보니 형광등 케이스 주변으로 들 뜬 틈이 보여 형광등 주변으로 추가뿜칠을 하였는데 자연스럽지 않았다. 형광등을 먼저 설치하고 뿜칠을 해야 보기가 좋을 일이었다.

전기 트레이

사무실에는 전화선, 전기선 등이 어지럽게 널려 있는 경우가 많다. 우리건물은 외부 테두리벽체에 추가로 단열벽체를 설치하였기 때문에 그 하부를 선들의 통로로 이용할 수 있었다.

이 트레이 내부에 콘센트용 전기선, 전화선, 인터넷 랜선 등을 모두 넣어 바닥에는 선이 보이지 않도록 하였다.

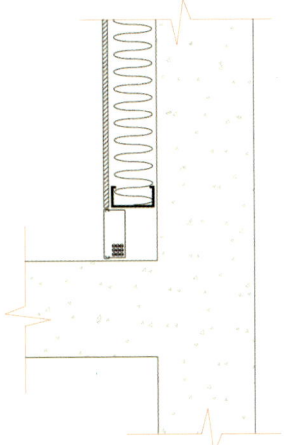

걸레받이 겸용으로 설치된 전기 트레이는 복잡하고 지저분한 각종 전선을 깨끗하게 정리해 준다(좌)
전기 트레이 설치(우)

작은 건물에도 소방설비가 있나?

당연히 있다. 업무시설로 사용되는 지하층과 4층 이상이면서 바닥면적 1,000㎡ 규모 이상이면 화재 시 물을 뿌리는 스프링클러 시설을 해야 하지만, 우리건물과 같이 그 미만의 규모에는 화재가 발생했을 때 벨소리가 전 건물에 울리는 알람 장치가 소방설비가 된다.[6] 소방설비는 별도의 전기배선을 이용하여 전기가 차단된 상황의 화재 시에도 벨이 울리도록 해야 하는데, 기존의 소방설비는 1차 리모델링 시 기존 전기 배선에서 직접 연결하여, 화재 시 전기가 차단되면 작동되지 않을 수 있는 시설이었다. 이는 절대 금지사항이라는 소방감리자의 지적이 있었다. 비록 소방설비가 감지와 벨을 울리는 알람 기능만 있는 간이시설이었지만, 별도의 배선을 신설하고 소방시설과 관련된 감지기와 알람 모두를 교체 하였다. 전등, 소방 등을 포함한 전기공사는 설비회사의 소개로 2명의 기술자가 필요할 때마다 그때그때 작업을 하였다.

아무리 작은 건물이라도 소방시설과 관련된 작업을 할 경우 소

[6] 소방시설 설치유지 및 안전관리에 관한 법률 시행령 별표4

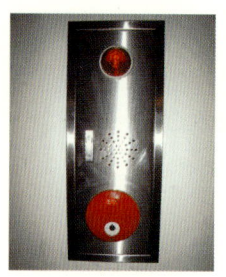
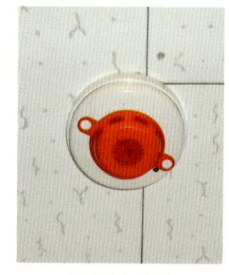

화재경보기(좌)   연기감지기(우)

7) 소방시설 설치유지 및 안전관리에 관한 법률시행령 제22조에 명시되었으며 예로, 근린생활시설중 복합용도는 600㎡이상, 업무시설 단일용도는 1,000㎡이상에는 방화관리자를 선임하여야 한다

8) 한국소방안전협회
www.kfsa.or.kr 02)2671-9076
건물의 사용 등재일로부터 30일이내에 선임

방서에 신고를 하고 공인된 소방감리를 받아야 하는 것으로 되어 있다. 공사 중에는 소방 작업자가 그 내용을 잘 알아 감리를 받을 수 있었는데, 준공 후 소방관리에 대한 것을 놓쳐 과태료를 내는 일이 생겼다. 일정 규모 이상의 건물[7]에는 자격을 갖춘 또는 소방 교육을 받은 방화관리자가 선임[8]되어야 하고 비용도 내야 하는 법률이 있었다. 과연 누가 이런 법률을 잘 알아서 지킬수 있겠는가 하고 억울해 했지만 법을 몰랐다는 것은 이 땅에 사는 국민의 과실임에는 틀림없다.

전기공사비

단위 : 원/㎡

	항 목	공 사 비
전기설치공사	전력간선 및 전열설비공사	11,661,208
	전등설비공사	18,000,000
	통신설비공사	2,854,000
	소방설비공사	4,203,000
	공과잡비 및 이윤	3,009,064
	소 계	39,727,064
전등		3,891,000
	총 계	43,618,272

전기공사 공정표

공 종	3월 13~31	4월 1~15	투입인원
기존배선철거 및 가설전기설치	13~19		6명
배전반설치	17~22		7명
배선	20~29		33명
배전함 결선	26~31	1~3	5명
스위치 및 전등부착		3~14	21명

엘리베이터 공사

원 건물의 엘리베이터는 공사 중 작업용으로 유용하게 사용을 하였지만, 빈번히 멈추는 바람에 많이 노후되었다는 생각을 하였다. 처음에는 일부 부품만을 보수하면 사용할 수 있을 것으로 생각하였는데, 점검을 마친 엘리베이터 업체의 의견은 15년이나 되어서 거의 못쓸 정도의 수준이고 근본적으로 안전상에 문제가 있으니 사용하면 큰일난다는 의견이었다.

차라리 엘리베이터를 없애고 그 부분을 사무실 면적으로 사용하는 것도 생각해 보았다. 하지만 5층 건물이라도 엘리베이터가 있는 건물과 없는 건물은 그 가치에 대한 인식이 달라진다. 또 직원들이야 참고 지낼 수 있지만 중요한 고객이 한여름에 5층을 땀흘리며 걸어 올라오는 것을 상상하니 당연히 있어야 했다.

엘리베이터를 새로 바꾸는 비용은 2,000만원으로 비싸서, 기존의 부품을 최대한 사용하고 노후한 부분만을 교체한다는 방침을 정하고 여러 전문가의 도움을 얻어보기로 하였다. 그래서 몇 군데 견적을 받아보고 설명도 들었다. 전체적으로 1,900만원에서 새로 구입하는 것보다 비싼 2,300만원 선이었고, A사의 비용이 가장 비쌌지만 금액이 500만원인 감속기를 제외하면 가장 저렴하였다. 감속기는 엘리베이터의 속도를 일정하게 조정해주고 안정된 승차감을 유지시켜주는 기능을 한다고 한다. 여러 업체들의 이야기로는 감속기

원 건물의 엘리베이터(좌)
보수한 엘리베이터(우)

9) 대성IDS www.dsids.com

를 굳이 설치하지 않더라도 엘리베이터의 성능을 떨어뜨리지는 않을 수 있다는 의견이었다. 그래서 최종적으로 A사[9]와 접촉하여 교체해야 하는 엘리베이터의 부품에 대하여 하나씩 설명을 들어가며, 꼭 교체가 필요한 부품만을 선택하였다. 결과적으로 비용은 1,350만원에 무난하게 공사를 마칠 수 있었다. 엘리베이터에 대해 잘 모르고 있었지만 실력이 있는 회사가 노후한 기계에 대한 분석도 잘하고 그래서 보수금액도 경쟁력있게 되었다는 생각이 들었다.

사무실에 효율적인 냉난방 방식은 무엇인가?

크지 않은 사무실 건물에 중앙공급형 냉난방 시설을 하는 것은 설치 및 관리비용에 비효율적이다. 이전에 임대로 있었던 5층 건물에도 냉난방 시설이 없었다. 그래서 가스를 이용한 열풍기를 사용하였던 겨울에는 공기가 좋지 않아져서 머리가 띵~했었고, 전기를 이용한 냉방기를 썼던 여름에는 냉방기에 가까운 직원은 춥고 먼 위치에 있는 직원은 더워 조정이 어려웠다. 향군회관과 같이 큰 건물의 경우는 근무시간에는 냉난방에 불편함이 없었으나, 야간에는 냉난방기를 가동하지 않아서 별도의 냉난방을 해야 하는 불편함이 있었다.

이제 우리건물에 제대로 한번 가장 좋은 시스템을 선택해보자! 가장 이상적인 방법은 앞에서 이야기했듯이 바닥에 온돌시스템과 천정에 냉방기를 설치하는 것이다. 그러나 바닥에 온돌을 설치하는 것은 너무 큰 제약이 따른다. 우선 바닥 레벨에서 온돌 부분과 복도 부분이 서로 다르고, 각 층에 보일러 실이 있어야 한다. 또 이의 관리도 쉽지 않다. 이상적이라 해도 채택할 수 있는 상황은 아니었다. 그 다음으로 선택할 수 있는 방안은 냉방기와 같이 천정에서 더운 공기를 뿌려주는 방식이었다. 소요 공간을 최소화 할 수 있고, 모든 라인을 냉방기와 같이 할 수 있다는 장점이 있다. 그래서 천정 시스템 중에서 적합한 사양을 선정하기로 하였다.

천정형 냉난방기[10]는 전기와 가스용이 있는데, 전기 타입은 국내의 대기업에서 제작되고 있어서 A/S가 용이한 반면에, 전기료 부담이 크다는 단점이 있고, 가스 타입은 냉난방효율이 우수하지만,

10) LG전자 에어토피아 시스템
031)755-9988

초기투자비가 많고 가스라인이 추가되어 작업이 복잡한 단점이 있다. 한층에 50평인 우리 건물의 2개층에 설치할 경우에 대해 아래 표와 같이 그 비용을 비교 분석한 결과 상대적으로 전기 타입이 우수하게 나타나 우리 건물에는 전기타입 천정형 냉난방기를 설치하는 것으로 결정하였다.

천정형 냉난방기의 비교

구 분		단위	전기식(EHP)			가스식(GHP)		
			one-way type	four-way type	실외기	one-way type	four-way type	실외기
필요수량		대	4	7	1	4	7	1
냉난방 용량	냉방시	kcal/h	2,000	6,200	39,900	3,096	6,106	38,700
	난방시	kcal/h	2,200	7,000	43,300	3,612	73,110	45,580
전기동력	냉방시	kw	0	0	17	0	0	2
	난방시	kw						4
LNG사용량	냉방시	m³/h						4
	난방시	m³/h						3
초기설치비		원	34,933,000			51,540,000		
연간관리비		원	3,112,399			3,659,567		
전기 증설비	70,400원/kw	원	1,056,000					
장 점			초기 투자비 저렴			난방 효율 우수		
			유지관리 용이			전기수전 용량 작음(3kw)		
						에너지 지원자금 활용 (연리3.5%)		
단 점			전기수전 용량 증대(18kw)			초기 투자비 증가		
						유지관리가 전기+가스로 이원화		

천정형 냉난방기는 천정으로 배관을 설치하기 때문에 천정이 있어야 배관을 가릴 수 있다. 하지만, 천정고를 높이기 위해서 천정을 없애고 뿜칠로 마감한 우리 사무실에는 어지럽게 설치된 배관이 너무 어수선한 분위기를 만들었다. 보에 구멍을 뚫어 배관을 하는 방법도 있다고 생각되어 다시 재시공 하고 싶다는 생각도 들었지만 보의 중앙에 구멍을 뚫기에는 보의 크기가 작다는 판단에 다른 방법을 찾기로 하였다. 아무튼 노출배관과 냉난방기를 모두 천정 뿜칠재와 같은 미색으로 도색하고 나니 그리 나쁘지는 않았다. 하자가 발생할 경우에는 쉽게 보수할 수 있는 장점도 있었다.

옥상에 설치될 실외기와 연결할 배관
슬리브를 뚫는다(좌)
냉매 공급관인 동관을 설치한다(우)

 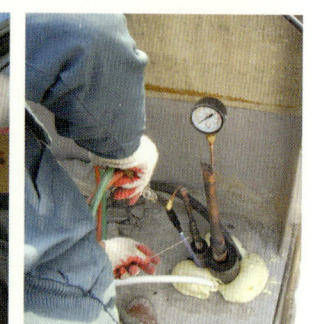

냉매 분기관(좌)
압력 시험(우)

보를 따라 배관을 설치하는 모습

실외기와 연결되는 배관을 트레이에
설치한다(좌)
실외기와 배관 설치 완료(우)

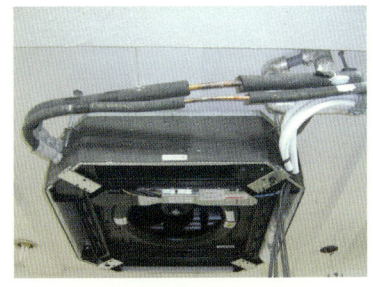

실내기와 배관 연결 상태(좌)
커버까지 완성된 모습(우)

배관을 흰 페인트로 칠하기(좌)
Four-way type 냉난방기 설치 완료(우)

건물의 급배수 관의 수명은 어느 정도일까?

우리 건물의 설비 라인은 복잡하지 않았다. 우선 각 층의 화장실 급수와 오배수, 식수를 위한 급수, 지하실의 집수정 펌프 및 배수가 전부였다. 가능하면 설비배관은 일부 보수만 하여 사용할 생각이었으나, 공사를 시작하고 보니 화장실 배관은 너무 낡아서 사용하기가 곤란하였다. 급수관은 15년 이상 사용하면 부분적으로 내부에 녹이 발생하여 언제 못쓰게 될지 모른다고 해서 공사를 하는 김에 주배관, 화장실 배관, 급수관 모든 배관을 교체하였다.

화장실 난방

겨울철에 화장실을 쾌적할 정도로 난방 하는 것은 에너지 낭비라는 생각이 든다. 그러나 동파의 우려도 있고, 겨울철에 춥지 않게 사용하자면 세면을 위한 따뜻한 물 공급도 필요할 것이다. 그래서 난방 보다는 동파 방지와 따뜻한 물공급을 우선으로 하는 별도의 보일러를 설치하고, 화장실 내에는 소형의 라지에이터를 설치

상향식 보일러(좌)
화장실용 라지에이터(중)
옥탑 물탱크실에 설치한 상향식 보일러의 보충수 탱크(우)

하였다. 기존에도 지하층으로 내려가는 계단참의 경비실 내에 보일러가 설치되어 있었지만, 너무 노후화 되어서 사용할 수 없었기에 보일러를 새로 설치하였다. 특히, 자연수압으로는 5층까지 공급하기가 어려운 여건을 고려하여 난방수의 압력을 조절할 수 있는 상향식 보일러를 설치하였다. 그런데 상향식 보일러는 항상 일정한 압력의 보충수가 필요하다고 한다. 그래서 옥탑 물탱크실 안에 보충수 물탱크를 설치하고, 물이 모자랄 경우에는 물탱크로부터 자동으로 물이 공급되도록 하였다.

새로 신설한 지하층 화장실의 배수

화장실을 지하층 계단참에 추가로 신설하면서 이 화장실의 배수를 자연 배수처리가 아닌 펌핑처리하여야 했다. 이를 위하여 지하

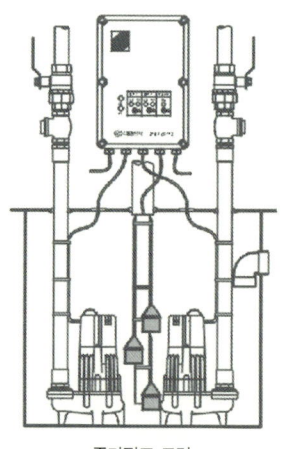
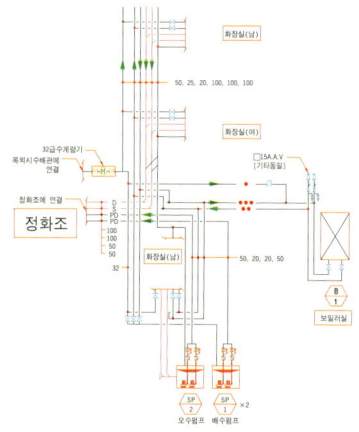

정화조 졸라펌프 / 졸라펌프 도면 / 위생설비 배관도

에 소규모 정화조용 졸라 펌프[11]를 설치하였다. 졸라 펌프는 하루 1회 정도 외부로 펌핑하고, 밀폐된 압력 탱크로 되어있어 악취가 없고, 소음이 적은 것이 특징으로 소규모 건물에서 사용하기에 안성맞춤이라고 생각된다.

[11] 희만상사 www.whiman.co.kr
졸라(zoeller)펌프는 압력탱크 내부에 펌프가 설치되어 있어서 일정한 양이 차면 센서에 의해 자동으로 작동되어 외부로 배출함으로써 소규모 건물에 적합하다

[12] 신양테크 02)3679-8574

설비공사비[12]

단위 : 원/m²

구 분	공사비
장비설치공사	6,541,696
난방배관공사	4,315,950
급수급탕배관공사	6,118,584
위생기구설치공사	5,539,297
가스배관공사	5,500,000
오배수배관공사	4,719,973
에어콘설치공사	20,632,985
화장실철거공사	7,431,500
소방기구설치공사	453,000
공과잡비 및 이윤	1,747,015
합 계	63,000,000

주요 장비비

단위 : 원/m²

품 명	규 격	금 액	비 고
가스보일러	25,000kcal/h	580,000	
수중배수펌프	1HP	260,000	배수용
졸러펌프	1HP×2	3,900,000	정화조용
방열기	450×5S	85,000	화장실
냉난방기	LRB-N605T	747,000	멀티 천정형 4-way
실외기	LRB-N4605B	7,797,273	멀티 천정형 4-way

설비공사 공정표

공 종	3월																					4월													투입 인원
	11	12	13	14	15	16	17	18	19	20	21	22	23	24	25	26	27	28	29	30	31	1	2	3	4	5	6	7	8	9	10	11	12	13	14	15	
기존배관철거 및 슬리브설치																																					20명
배전반설치																																					39명
보일러/가스설치																																					9명
물탱크/펌프설치																																					4명
냉난방기기 설치																																					22명
위생기구 설치																																					8명

외부 공사

건물 앞은 주차공간과 보도 겸용으로 활용할 수 있을까

건물에는 주차장이 절대적으로 부족했다. 주차장에만 차량을 주차한다면 6대 밖에 주차 할 수 없다. 건물의 전면에 주차를 할 수 있다면 3대의 주차가 추가로 가능해 진다. 하지만, 건물 1층 바닥면과 도로면과는 40cm의 높이 차이가 있고 건물과 도로까지 즉, 대지 경계선까지 여유 폭이 2.7m정도였다. 여기에 어떻게 하면 주차를 가능하게 할까?

건물의 바닥에서부터 도로 경계선까지 경사를 주고 경계석은 도로면과 5cm 단차이로 낮게 설치하여 차의 진입을 쉽도록 하였다. 이 부분이 보행 통로로도 사용되어야 하는데 경사가 급하여 겨울철 빙판길에서는 넘어질 사고의 우려가 있었다. 그러나 건물의 건너편에 보도가 있기 때문에 건물로 진입하는 사람 외에는 사람들의 통행이 많지 않아 주차공간으로 활용할 수 있다고 판단하였다.

건물 전면은 주차를 하기위해 경사지게 마무리하였다

주차하기에 가능하도록 보도와 차도의 높이를 5cm로 하여 경계석을 설치하였다

경계석 등의 비용
단위 : 원

구 분	단 위	수 량	단 가	금 액
경계석(화강석)	m	35	15,000	525,000
경계석 설치	m	32	15,000	480,000
레미콘	㎥	3	49,000	147,000
계				1,152,000

건물 앞 보도부위 마감자재 선택

주차를 우선으로 결정하자 내구성이 좋으면서 건물의 이미지를 높일 수 있는 재료가 필요하였다. 화강석, 석재타일 그리고 칼라무늬 콘크리트(다른 이름으로, 칼라크리트, 패턴크리트 등으로 불리움)를 검토하였는데, 비용적인 면이나 하자예방 차원, 그리고 미끄러짐 방지에 가장 적합한 것으로 칼라무늬 콘크리트를 선택하였다. 칼라무늬 콘크리트는 먼저 콘크리트를 타설하고, 바닥을 미장흙손으로 고른 후에 도료가 섞인 하드너를 뿌린 후, 문양 고무판으로 찍어서 무늬를 만들어 내기 때문에 균열이나 박리 같은 하자가 없다. 그리고 나서 양생한 후 코팅재를 발라서 마감하는 방법으로 국내에는 10여년 전부터 소개되어 사용되고 있다. 비용도 저렴하고 내구성도 좋아서 주차장 바닥재나 경사로에 널리 사용되고 있는 공법이다. 하지만, 이 공법은 작업자의 기술과 경험에 따라 품질의 차이가 현격한 것이 단점이다.

총 소요 비용 : $48m^2 \times 31,000원 ≒ 1,500,000원$

바닥공법의 비교
단위 : 원/㎡

공 법	비 용	비 고
화강석 마감	46,000	모래, 시멘트 포함
석재타일 마감	30,000	모래, 시멘트 포함
칼라무늬 콘크리트 마감	31,000	레미콘 등 자재비 7,000 시공비 24,000

하드너 도포(좌) 후 문양 찍기(우)

양생(좌) 후 코팅하기(우)

현관의 차별화를 위한 석재 마감

현관 앞과 지하 계단실 입구에는 마천석으로 시공하였다. 빗물을 외부로 흘려 보내기 위하여 외부를 10mm 낮게 설치하였다. 지하 별도 계단실 입구는 턱을 만들어 빗물의 침투를 방지하였다.

석재의 소요 비용 : 1,100,000원(바닥 7㎡, 테두리 20m)

건물의 입구는 건물 전체의 색상과 맞추어 검정색 화강석인 마천석으로 시공하였다

노후된 옥상에 적합한 도막방수

리모델링하는 건물의 옥상은 방수층이 풍화되거나 열화되어 취약한 경우가 많다. 본 건물의 옥상에는 우레탄 도막방수가 되어 있어 전에 누수가 발생하여 보수한 것으로 추정되었다. 공사 중에는 장마철과 같은 큰 비가 오지않아 누수가 되는지 알 수 없었지만, 파라펫에 시공된 방수재가 일부 떨어져서 언제 누수가 발생할지 모르는 상황이었고, 바닥은 일부 방수층의 손상이 보였지만, 누수

의 문제는 없을 것으로 판단되어, 벽체만 방수를 보완하기로 결정하였다.

들뜬 방수제를 걷어내고, 날씨가 3~4일 정도 맑아 콘크리트면이 바짝 마른 것을 확인한 후 1차로 프라이머를 바르고, 2차, 3차에 걸쳐 우레탄을 도포하였다. 이 때 우레탄이 벗겨지지 않도록 파라펫 난간의 코킹 부위까지 우레탄 방수재를 감싸 올려서 마무리하였다.

우레탄 방수 비용 : 40㎡×25,000원=1,000,000원

벽 우레탄 방수재 떨어짐(좌)
기존 방수재를 걷어내고 면처리(우)

1차 프라이머 작업(좌)
2차 우레탄 도포(우)

주차장

소규모 건물에는 주차장 공간이 큰 문제가 된다. 대부분 주차공간이 부족하기 때문이다. 우리건물도 마찬가지 였는데, 북측 주차장에 차를 채워서 세우면 6대의 주차가 가능하다. 또 건물과 대지 경계선 사이에 3대까지 주차가 가능하다. 총 9대로는 당연히 주차가 부족하고 입주자에게도 한정된 주차를 할당할 수 밖에 없었다.

6대의 주차가 가능한 주차장(좌)과 소형 차 한대가 주차 가능한 공간의 활용(우)

그래서 매 층당 1대(지하층, 2층, 3층)씩 3대, 1층은 2대 그래서 5대를 입주자에게 할당 하였다. 그런데 1층에서 할당받은 2대의 주차를 포기하고 건물과 대지 경계 사이의 공간에 테라스를 설치 하였다. 부족한 주차공간이 아쉬웠지만 건물과 조화있게 설치되어 좋은 결과가 되었다. 부족한 주차는 인근의 임대 주차장에 월주차 하는 수 밖에 없었다. 다행히 작은 차는 건물의 뒷공간에 쓰레기를 놓아 두던 자리를 정리하여 주차 공간을 만들어 냈다. 작은 차만이 주차가 가능하다.

간판

입주회사의 간판은 회사의 영업활동의 일환이기 때문에 배려를 하지 않으면 안된다. 그렇다고 무질서하게 간판이 걸리는 것도 건물의 품위를 떨어뜨릴 것이다. 우리건물에는 대로변에서 보이는 건물의 북측면에 간판을 매달 수 있는 구조물을 설치하여 그 구조물에만 간판을 설치하는 것으로 계획을 세웠었다. 그런데 우리회사의 간판을 달고보니 그 크기로 모든 입주사의 간판을 설치할 경우 건물이 너무 지저분해 질 것이라는 판단이 되었다. 우리 건물이라는 의미로도 우리의 간판이 단독으로 있

건물의 주간판과 입주자가 선택한 위치에 설치한 간판

임대인을 위하여 설치한 간판 전용포스트와 옥상에 설치한 십자가

을 필요도 있었다. 그래서 입주사들의 양해를 구하여 북측 벽면이 아닌 2곳에 간판을 다는 것으로 다시 정하였다. 한 곳은 주차장에 세운 포스트에 간판을 달고 또 한군데에 간판을 달 수 있도록 하였다. 그래서 지하층에 입주한 교회[1]의 경우는 엘리베이터실 꼭대기에 십자가를, 2,3층에 입주한 유학원[2]은 옥상 난간면에, 1층에 입주한 고급 커피전문점[3]은 건물의 1층 상부에 간판을 달도록 하였다. 간판은 입주사가 영업을 위한 배려라는 측면 외에 건물의 품위를 살리는 한도 내에서 활용되어야 한다는 생각도 틀리지 않을 것이다.

1) 하늘목교회 www.hanulmok.com
2) BEC 어학원 www.unimaster-uk.com
3) 가배두림 www.coffeemba.com

1층 커튼월 바에 스테인리스 판을 뽑아 두었다. 이 판은 내부의 골조에 고정되어 있어 큰 힘을 지탱할 수 있다. 이것은 향후 간판을 달 수 있도록 하기 위한 목적이었으나 1층 커피전문점에서는 차양을 설치하는 용도로 사용하였다.

간판을 달 수 있도록 미리 설치한 스테인레스 판(좌)에 간판 대신에 차양을 설치한 모습(우)

방범

건물의 방범은 중요한 관리상의 문제이다. 우리 건물에서는 24시간 경비를 두는 것은 낭비라고 생각하여 주간에만 주차관리를 포함한 경비를 운영하고 야간에는 방범시설[4]로 대체하는 것으로 하였다. 이럴 경우 어느 부분에 자물쇠를 설치하고 저녁에 누가 건물의 시건장치를 잠글 것인가가 중요하다. 우리건물에는 주출입구 현관과 계단참에서 2층으로 올라가는 계단 부분에 셔터와 자물쇠를 설치하였다. 셔터의 위치가 1,2층 계단참을 지나 3단의 계단을 지나서였는데, 이것은 사무실 용도의 2층 이상에는 야간을 포함해 공휴일에도 잠가두어야 하고, 교회나 1층은 일요일과 새벽에도 가동이 되어야 하기 때문에 1,2층 사이의 화장실을 활용할 수 있게 하기 위해서였다. 2층 이상의 자물쇠는 우리회사에서 야간 당직을 정하여 당직자가 2층 이상의 사무실의 직원이 모두 퇴근한 후 셔터를 잠그고 주출입문도 잠그도록 방침을 세웠다. 1층과 지하층은 주 출입구의 열쇠도 갖고 있어 언제든지 여닫을 수 있도록하고 각 실에는 별도의 자물쇠 관리를 하는 것으로 정하였다.

계단의 중간에 셔터를 설치하면 난간부분을 막는 작업이 최소화된다. 셔터가 시작되는 부분에서 2층까지 난간 동자의 간격을 1/2로 좁게 하고, 셔터가 설치된 지점의 난간 손스침 위에 수평바를 하나만 설치하여도 사람의 출입이 불가능하게 된다.

[4] 캡스 www.caps.co.kr

1,2층 사이 계단참에서 3단 위에 셔터를 설치하고 자물쇠와 방범설비를 병행하였다

수평바를 설치하여 간격을 좁게 함

난간동자를 1/2간격으로 좁게 함

사람의 출입은 불가능하게 하면서 시각적으로 부담스럽지 않은 방범장치

마무리

마무리

사옥으로 입주

 리모델링 공사를 끝내고 간단한 입주식을 가졌다. 행여 별 것도 아닌 것으로 행사한다는 인식을 주지 않을까 하여 입주식을 망설이기도 했지만, 기업에 있어 홍보는 가장 중요한 전략이라는 생각으로 입주식을 진행하였다. 간단한 강연회(서울여대의 한동철교수-부자학 강의)와 도와준 설계사무소, 공사협력업체 소개, 초청자의 간단한 인사, 그리고 다과... 많은 분들이 참석해 주셨다. 건축관련 엔지니어링 회사가 자체 회사의 자본으로 작은 규모이긴 하지만 사옥을 갖게 되었다는 것이 방문하였던 분들에게 작은 충격을 주었던 것 같다. 놀라워하기도 하고 시기 어린 축하를 하기도 했다. 우리 또한 주위 분들의 도움에 마음껏 감사하다는 말을 할

사옥전경

옥상에는 가벼운 운동을 할 수 있는 공간(좌)과 점심을 먹거나 잠시 쉴 수 있는 휴게공간(우)이 생겼다

사옥 곳곳에는 휴식공간(좌), 회의공간(중), 창고공간(우)이 생겼다

수 있는 기회가 되었다. 또 '우리 건물에 큰 비용이 들지 않았다'는 이야기와 '건물이 이쁜 만큼 임대도 빨리 되는 것 같다'는 이야기에 '나도 해볼까' 하는 답변도 많이 들었다.

우리회사는 4,5층 2개 층을 사무실로 사용하고, 3층의 일부를 회의실로 또 지하실 일부를 창고로 사용하고 있다. 건물의 외관에 대한 느낌도 좋지만, 사무실 공간이 안락하다는 느낌을 더 크게 갖게 되는 것 같다. 안락하다는 느낌을 어떻게 다른 말로 표현할 수 있을까? 전망(View)이 좋으면서도 한 여름과 한 겨울에 덥거나 춥지 않고, 외부 소음과 내부 울림이 크지 않으며, 건물로부터 내가 보호 받고 있다는 생각이 들게 되는 것 등등... 또 곳곳에 휴식 공간, 회의 공간, 창고 공간이 생긴 것도 흐뭇하다. 적은 운동기구로 옥상에 운동할 수 있는 공간이 생겼고, 옥탑방도 점심 도시락을 먹거나 잠깐 눈을 붙일 수 있는 공간이 되었고, 계단실 부분도 전망이 좋은 휴게공간이 되었으며, 5층 베란다도 좋은 창고 공간이 되었다.

투입내용   단위 : 원

공 종 명	외주비	직영공사비	계
1) 직접공사비			
철거공사	40,000,000	0	40,000,000
금속공사	47,000,000	0	47,000,000
AL창호공사	52,000,000	0	52,000,000
유리공사	25,000,000	0	25,000,000
설비공사	63,000,000	0	63,000,000
전기공사	39,272,727	0	39,272,727
미장공사	10,000,00	5,038,727	15,038,727
방수공사	1,200,000	204,545	1,404,545
타일공사	4,400,000	1,692,045	6,092,045
조적공사	4,400,000	1,000,000	5,400,000
천정및 단열공사	30,000,000	0	30,000,000
도장공사	10,200,000	0	10,200,000
엘리베이터공사	13,500,000	0	13,500,000
간판설치		2,600,000	2,600,000
석공사		3,000,000	3,000,000
싱크대설치		165,455	165,455
바닥재 깔기		4,136,000	4,136,000
전등		3,891,000	3,891,000
인방		3,223,560	3,223,560
외벽철물		3,500,000	3,500,000
브라인드설치		1,790,000	1,790,000
직영 및 청소		9,310,000	9,310,000
쓰레기처리		1,580,000	1,580,000
장비비		1,369,000	1,369,000
운반비		153,000	153,000
경비		2,398,440	2,398,440
소 계	339,972,727	45,051,772	385,024,500
2) 간접공사비			
직원인건비		49,880,000	49,880,000
소 계	0	49,880,000	49,880,000
계	339,972,727	45,051,772	434,904,500

투자된 비용

다시 한번 이 건물에 투자된 총 비용과 수입을 경제적인 측면에서 비교해 보기로 하자.

투자된 총 비용은
- 건물의 구입비 :　　　　　25억원
- 리모델링 공사비 :　　4억 3490 만원
- 세금 : 등록세,교육세,채권　8100 만원
　　　　취득세,농특세　　　6325 만원
- 부동산 소개비 :　　　　2000 만원
- 법무사 검토비 :　　　　　493 만원
- 건물 감정비 :　　　　　　303 만원
　총　　　　　　　　31억 2221 만원

투입비용을 평당으로 분석해 보면,
- 대지 구입비 :　　　　2500 만원/평

- 리모델링 공사비 :　　　145 만원/평
- 제비용 :　　　　　　　　63 만원/평
　계　　　　　　　　　　208 만원/평

만약 리모델링 공사를 직접 하지 않고 건설회사에 맡겼다면 기본적으로 필요한 간접비(세금, 본사관리비 등)가 약 5000만원 정도는 상승했을 것으로 예상이 되고, 직접공사비도 조금은 증가했을 것으로 생각된다.

자체적인 엔지니어링의 발휘와 공사에 대한 애착이 모든 부분에 걸쳐 효율적인 결과를 낳았다고 생각된다.

그래서 건물의 가치는 금액적인 수치로만 결정되지는 않는다고 생각한다. 곳곳에 쏟았던 애정

과 아이디어, 그리고 건물의 작품적인 요소까지 고려하여야 하지 않을까... 한 폭의 풍경화를 보고 종이와 물감이 원가라고 생각하지 않듯이...

건물담보대출

건물에 투자된 금액을 충당한 가장 큰 부분이 건물담보대출이었다. 건물담보대출은 회사의 신용도 평가만 좋다면 어느 은행이든지 대환영이다. 담보대출 가능금액은 일반적으로 근린시설 건물의 경우 공시지가의 60%까지는 대출이 가능하게 된다. 우리건물의 경우는 시세와 상관없이 원 건물주가 설정하였던 13억을 중도금 대신 인도하는 것으로 정했기 때문에 13억에 대한 대출 작업에 들어갔다.

오래 전부터 우리회사의 거래은행 2군데 모두가 대출의뢰를 희망하였던 터라 어느 쪽으로 대출할 것인지 조금은 난감하였다. 그래서 두 은행에 같은 날 같은 시간에 대출금리를 제출해 줄 것을 요청하였다. 물론 조금이라도 낮은 금리를 선택하겠다는 전제를 두었다. 우리은행이 다른 은행보다 0.02% 더 싼 연리 5.7%를 제안해서 대출은행이 결정되었다. 세상이 많이 바뀌었다는 생각이 새삼 들었다. 예전에는 적은 금액의 주택담보 대출에도 많은 서류와 절차로 어렵사리 대출을 받았던 시절이 있었는데, 이제는 은행에서 경쟁적으로 회사에 방문해서 각종 서류 서비스까지 제공하는 시절이 되었다. 아무튼 13억원에 대한 발생이자는 한달에 618만원이 된다. 이 금액은 시중의 금리가 올라가면 변동하는 변동금리에 따른 금액이다. 만약 확정금리로 하고자 한다면 연리 1% 정도가 더 비싸진다. 크게 고민하지 않고 변동금리로 정한 것은 앞으로 몇 년 동안 1% 이상의 금리가 올라가지는 않을 것이라는 판단에서였다.

임대수입

리모델링 공사가 끝나가면서 임대에 대한 준비를 해야 했다. 어

사무실 공간

떤 회사가 들어 올지, 그 것을 우리가 정할 수 있을지. 또 임대비는 어떻게 책정할지. 과연 빠른 시일 내에 임대가 되려면 어떻게 해야 할지... 여기저기 임대 의뢰를 할 수도 있겠으나 우리의 임대의도가 정확히 전달되지 않을 것 같아, 이 건물을 소개했던 부동산중개업 친구에게 임대에 대한 것을 모두 맡기기로 했다. 이 친구의 의견은 지역적인 특성이 있으니 고시원으로 하는 것이 가장 쉽게 임대가 되고 임대료 미납에 대한 부담도 없다는 것이었다. 하지만, 건물이 주거 쪽으로 흐르는 것은 건물의 품격하고는 영 맞지 않는다는 생각에 그 쪽은 생각을 접었다.

  2호선 지하철역과 10분이내의 거리이기 때문에 2,3층의 경우 일반 사무실 위치로는 괜찮은 입지였다. 문제는 1층과 지하실이 사무실 용도가 아니었기 때문에 임대가 쉽지 않을 것이었다. 또 임대료에 대한 기준을 정하는 것도 중요했다. 임대료는 정해진 것이 없이 모든 건물이 그때그때 다르기 때문이다. 단지 비싸면 수입은 좋을 수 있겠지만 공실의 우려가 있다는 아주 평범한 시장 논리만 있을 뿐이다. 우리 건물의 임대기준은 다음과 같이 정하기로 하였다.

  ① 임대면적 - 리모델링으로 기존의 면적에서 조금씩 달라지기 때문에 정확하게 실평수를 실측한다. 그리고 실평수율(실평수/임대평수)을 75%로 가정한다. 그러면 임대면적은 실평수를 0.75로 나누면 된다. 일반적으로 지하주차장이 있는 큰 건물은 실평수율이 60%대이고 우리 건물과 같이 소규모 건물의 경우는 계단실, 화장실 등의 공용 서비스 면적만 빠지기 때문에 70% 대의 실평수율이 일반적이다.

  ② 전세가 - 이 지역의 전세가를 정한다. 물론 임대 수입이 필요하기 때문에 전액을 전세로 하지는 않는다. 단지 이 전세가를 기준으로 일정 비율을 보증금으로 나머지를 월세로 정하기 위해 전세가를 정하는 것 같다. 우리 건물의 경우 2,3층은 일반적인 사무실 전세가인

350만원/평으로, 1층은 점포가 가능하기 때문에 500만원/평, 지하층은 조금 싼 250만원/평으로 정한다.

③ 임대보증금과 월세율 - 전세가의 20%를 임대보증금으로 정하는 것이 일반적인 방법이다. 이것을 10%로 하고 나머지를 월세로 하는 경우도 있으나 이 또한 월세가 많아서 좋으나 미납이 발생할 경우 보증금이 작아지는 곤란 때문에 20% 정도가 일반적인 것 같다. 그리고 나머지 80%에 대한 월세인데, 월세를 1부- 월 1%, 연 12% 이자란 의미-로 하는 경우와 1.5부 또는 2부로 하는 경우가 있다. 3가지 모두 성행하는 월세율인 것 같다. 회사 초창기의 임대했었던 건물들에서는 모두 2부로 있었고 최근의 향군회관에서는 1부로도 있었다. 몇 년 전까지만 해도 2부가 보편적인 월세율이었으나 요사이 새로 시작하는 임대의 경우는 1.5부가 대세인 것 같다.

④ 관리비 - 관리비는 큰 규모의 건물 즉, 주야 경비인력과 보안 시스템 그리고 청소 등이 제공될 때 보통 평당 2만원으로 책정하는 것으로 조사되었고, 우리 건물의 경우 주간 경비와 주차관리, 청소 등의 기본적인 경우 평당 1만원 정도로 정하는 것이 일반적이다. 물론 수도와 전기료는 평당으로 분배하는 방법으로 정한다.

단위 : 원

층수	실평수	실평수율	분양평수	평당금액	총금액	20% 보증금	임대보증금	월세 1.5부	관리비
B1	40.25	0.75	53.67	2,500,000	134,166,667	26,833,333	50,000,000	1,300,000	300,000
F1	37.36	0.75	49.81	5,000,000	249,066,667	49,813,333	50,000,000	3,000,000	500,000
F2	38.33	0.75	51.11	3,500,000	281,540,000	56,308,000	50,000,000	3,200,000	800,000
F3	40.00	0.75	29.33						
				계	664,773,333	132,954,667	150,000,000	7,500,000	1,600,000

이렇게 임대기준이 정해졌고, 가장 먼저 임대가 이루어 진 층이 지하층이었다. 지하층은 사무실로는 마땅하지 않았고, 그렇다고 창고로 임대하기에는 아까운 공간이었다. 되도록이면 태권도장이나 스크린 골프와 같은 체육시설이 들어오면 좋겠다고 생각했는데, 뜻밖에 교회 목사님이 찾아오셨다. 이제 막 시작하는 교회로서 역삼로 대로변에서 눈에 잘 띄었고, 깨끗하고 특이한 건물의 이미지

가 맞아 떨어졌던 것 같다. 교회의 특성상 유지비를 줄이는 측면에서 보증금을 더 많이 정하고 임대료를 줄이는 방법도 협의하여 정했다. 우리가 쓰고자 했던 지하의 창고부분도 최소화 하기도 하였다. 임대가 되지 않을 가능성이 가장 높았던 지하층이 제일 먼저 임대되어 좋은 징후라고 생각하였다.

면적은 일부 우리가 사용하는 지하 창고를 임대면적에서 제외하고 60평, 임대보증금 5천만원, 월 임대료 130만원. 유지비를 최소하려는 교회의 특성상 보증금을 크게 하고 월세를 적게 조정 하였다.

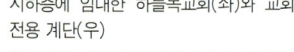
지하층에 임대한 하늘목교회(좌)와 교회 전용 계단(우)

그 다음으로 임대가 이루어진 것이 2층과 3층이었다. 영국유학원-영국으로 유학을 가고자 하는 학생들의 어학 공부, 유학지원, 사후관리 등-이었다. 유학원으로 허가 받기 위해 100평 정도가 필요한데 그 정도의 면적이 동시에 비어있는 건물이 찾기 어렵다는 것과 꽤 부유한 자제가 다니는 고급학원이고 고객인 그 학부모들에게 건물의 좋은 이미지가 필요하다는 점에서 결정이 되었다. 학원에 필요한 피난시설, 3층의 일부를 회의실로 공동 사용하는 것 등 서로 도울 수 있는 것이면 합리적인 협의를 통해 계약이 이루어졌다.

2층과 3층에 임대한 영국유학원-BEC

임대면적 100평, 임대보증금 5000만원, 월 임대료 320만원
공동으로 사용하는 회의실은 임대비용에서 제외

　마지막으로 1층이 가장 늦게 임대되었는데, 식당을 하고자 하는 사람은 많았다. 하지만 건물에 식당이 들어서면 약간은 지저분해지고 음식 냄새도 무시하지 못한다는 점을 감안해야 했다. 가능하면 꽃집이나, 고급 커피점, 와인 도매점 등 격조있는 점포가 되기를 기대하였다. 만약 임대가 늦어지면 커피점을 직영하는 것도 생각하였다. 그때 마침 2,3층 임대인인 유학원과 관련있는 분이 영국 정통 커피점을 오픈할 의향이 있다고 임대에 관해 문의가 들어왔다. 커피점뿐만 아니라 커피재료의 판매, 커피제조 교육까지 하는 새로운 비즈니스 모델을 가지고 있었다. 자리를 잡을 때까지 운영이 어려울 것이라는 의견이 있어 1년 동안 보증금과 임대료를 50%로 하고 1년이 지난 후 잘 되지 않으면 그 사업을 접고, 잘되면 100%로 환원하는 조건으로 임대가 이루어 졌다. 물론 새로운 비즈니스는 성공적으로 진행되고 있고, MBC 드라마인 '커피프린스 1호점'의 바리스트 교육을 여기서 담당하고 있고 TV 촬영도 방영되면서 유명 장소가 되었다. 어떤 일본인 부인네들이 이 드라마 주인공인 공유가 교육받은 곳이라며 찾아올 정도가 되었다.

임대면적 50평, 임대보증금 5000만원, 월 임대료 300만원

1층에 임대한 영국정통 커피점-가배두림의 외부전경(좌)와 내부(우)

그래서 총 임대보증금 1억 5000만원, 총 임대 수입 월 750만원이 되었다.

보이는 가치와 보이지 않는 가치

지금까지의 모든 정보를 종합적으로 정리해 보자. 이런 손익 대비가 맞는 것인지는 전문적인 분석이 필요하겠으나 간단하게 투자된 총금액을 대출했다고 생각하고 손익을 구해보자.

예전과 같이 임대 사무실에 있었을 때의 상황
- 총 투자금액 31억 2221 만원 중 건물 담보 대출 13억을 제외한 금액 18억 2221만원에 대한 5.7% 이자 소득
                       : +866 만원/월
- 이전 사무실의 월 임대료   : -1000 만원/월
          계   - 134 만원/월

건물을 구입하고 리모델링하여 입주한 현재의 상황
- 건물담보대출 월 이자   : -618 만원/월
- 임대보증금 × 5.7%   : +71 만원/월
- 월 임대료   : +750 만원/월
- 건물 및 토지 재산세   : -62 만원/월
          계   + 141 만원/월

그래서 둘의 차이는 275만원/월의 득이 있다는 계산이 된다.

이런 나름대로의 간단한 분석이 적절한 것인 지는 알 수 없다. 그러나 자본을 건물에 투자하고 기술이라는 에너지와 애정을 쏟아 부가가치를 만들어 낸 것임에는 틀림이 없다.

운영상의 부가가치 외에도 건물의 잠재가치도 높아 졌을 것으로 생각한다. 처음에 이 건물을 소개해준 부동산 중개업 친구도 약 20억의 가치는 상승했다고 판단해 주고 있다. 물론 이 건물을 다시 팔려면 5년은 기다려야 중과되는 양도세[1]를 줄일 수 있다. 5년 후에도 이 건물이 가치가 있을지, 아니면 역시 토지 부분만 그 가치를 인정받을 수 있을지 아무도 모른다.

---

1) 소득세법 제104조(양도소득세의 세율)에 의하면, 보유기간 1년 미만은 양도소득과세표준의 50%, 1년 이상~2년 미만은 40%, 2년 이상은 과세표준 금액에 따라 1천만원 이하면 9%, 4천만원 이하면 90만원+1천만원 초과금액의 18%, 8천만원 이하면 630만원+4천만원 초과금액의 27%, 8천만원 초과면, 1710만원+8천만원 초과금액의 36%를 적용한다

이렇게 분석한 수치적인 가치도 중요하지만 더 중요한 것은 보이지 않는 가치에 있다고 생각한다. 건물 주변의 거리 분위기를 좋게 했다는 느낌도 좋고, 바로 건너편의 코오롱에서 잘 지은 R&F(도심속 전원주택의 개념으로 지어진 고급빌라)와도 분위기가 잘 맞는다는 생각도 하게 된다. 건물의 건너편의 대현 초등학교 학생들이 매일 이 건물 앞 길을 지나며 우중충하던 건물 보다 산뜻한 건물을 보면서 좀더 좋은 기억을 갖게 될 것이란 생각도 든다. 이런 것이 일종의 문화활동이 아닐까 하는 어렴풋한 느낌에 미소를 짖게 된다.

도심속 전원주택의 개념으로 지어진 고급 빌라-코오롱 R&F

회사에 대한 이미지도 많이 상승되었다고 본다. '야 강남에 사옥이 있네요~~'하는 말에 멋쩍어 하지만 그래도 아무리 작아도 사옥이 있다는 것은 검증된 회사라는 느낌을 줄 수 있을 것이고 직원들에게도 자부심이 될 것이다.

.
.
.

그리고 또 다음 사옥을,
좀더 규모 있는 사옥을 생각하게 된 것,
그 사옥은 우리의 기술을 모두 쏟아 부을 수 있는 건물이 될 것이며,
그 건물에 거주하거나 건물을 보는 이들에게 꼬물락 꼬물락 무엇인가 느낌을 줄 수 있는 그런 건물의 기획을 꿈 꿀 수 있는 바탕이 된 것,
이런 것들이 보이지 않는 가치가 되었다고 생각한다.